KB028179

█████████ 005
클래식그림씨리즈

다양하고 창의적인 기계들

클래식그림씨리즈 그림이 구축한 문명, 고전으로 만나다

다양하고 창의적인 기계들
Le diverse et artificiose machine

클래식그림씨리즈 005

초판 1쇄 인쇄 2018년 12월 20일
초판 1쇄 발행 2018년 12월 30일

지은이   아고스티노 라멜리
해 설   홍성욱
펴낸이   김연희
주 간   박세경
편 집   서미석

펴 낸 곳   그림씨
출판등록   2016년 10월 25일(제2016-000336호)
주   소   서울시 마포구 월드컵북로 400 문화콘텐츠센터 5층 23호
전   화   (02) 3153-1344
팩   스   (02) 3153-2903
이 메 일   grimmsi@hanmail.net

ISBN 979-11-89231-05-7 04550
ISBN 979-11-960678-4-7 (세트)
값 14,900원

이 도서의 국립중앙도서관 출판예정도서목록(CIP)은 서지정보유통지원시스템
홈페이지(http://seoji.nl.go.kr)와 국가자료공동목록시스템(http://www.nl.go.kr/kolisnet)에서
이용하실 수 있습니다.(CIP제어번호: CIP2018037731)

■■■■■■■■■ 005
클래식그림씨리즈

다양하고 창의적인 기계들

Le diverse et artificiose machine

아고스티노 라멜리 지음

홍성욱 해설

그림씨

해설

서울대학교 자연과학대학
생명과학부/과학사 및 과학철학 협동과정 교수

홍성욱

르네상스 시대
  공학적 상상력의 결실,
《다양하고 창의적인 기계들》

인문학의 부흥과 함께 기술의 부흥이 오다

르네상스는 예술과 인본주의 인문학만이 아니라 기술도 놀라운
발전을 이룬 시기였다. 초기 르네상스 시기에는 피렌체 대성당
을 설계한 브루넬레스코Filippo Brunellesco(1377~1446), 과학 기술과
예술 모두에서 혁혁한 업적을 남긴 레오나르도 다빈치Leonardo da
Vinci(1452~1519) 같은 천재 엔지니어들이 자신들의 창의성을 유감
없이 뽐냈다. 도시는 상업으로 인해 커지고 복잡해졌으며, 부를 축
적한 권력자들은 운하를 놓고 다리와 댐을 건설하는 거대한 토목
프로젝트를 시작했다. 이 과정에서 유능한 엔지니어들이 명성을
누렸고, 책을 써서 자신의 전문 지식을 세상에 전파했다. 귀도발도
델 몬테Guidobaldo del Monte(1545~1607), 페트뤼 라무스Petrus Ramus
(1515~1572) 등이 이런 엔지니어의 원조들인데, 이들에 이어 군사기

술자로 명성을 날린 아고스티노 라멜리Agostino Ramelli(1531?~1610?)
가 등장했다.

역사가들은 라멜리가 1531년경에 북부 이탈리아에서 출생했
을 것으로 추정한다. 그의 생애도 베일에 가려진 게 많다. 알려져 있
는 것은 그가 잔인하기로 유명했던 잔 자코모 메디치Gian Giacomo
Medici(1498~1555) 휘하에서 군인 생활을 했다는 것, 군사 목적으로
수학과 기계공학을 익혔다는 것, 지휘관인 캡틴의 직위에 올랐다는
것, 군사공학 전문가로 유명해진 뒤에 앙리 3세Henry Ⅲ(1551~1589)
가 된 앙주 공작Duke of Anjou의 눈에 들어 그를 모시는 일을 했다는
것 등이다. 그의 아들도 군인이었고, 아버지처럼 캡틴 라멜리로 불
렸기 때문에 사람들은 이 둘을 종종 혼동하기도 했다. 아고스티노
라멜리는 1610년경에 사망한 것으로 여긴다.

라멜리,《다양하고 창의적인 기계들》을 출간하다

라멜리가 기술사에 이름을 남긴 이유는 1588년에 다양한 기계의
작동에 대한 그림과 설명을 담은《다양하고 창의적인 기계들Le diverse
et artificiose machine》을 출간했기 때문이다. 이 책은 세로가 30cm가 넘는
커다란 2절판折判 판형으로 인쇄되었고, 여러 기계에 대한 설명과
195개의 도해를 담고 있다. 그 가운데 20개는 양면에 걸친 그림이
다. 라멜리의《다양하고 창의적인 기계들》은 프랑스 파리에서 출판
했지만, 기계에 대한 설명은 프랑스어와 이탈리아어 2개국 언어로

썼다. 자신이 태어난 이탈리아의 독자들을 고려하면서 더 많은 독자에게 읽히기 위한 방편이었을 것이다. 책은 자신의 후원자인 앙리 3세에게 헌정되었다. 이 책은 기존의 비슷한 책들에 비해서 그림의 세부 묘사와 도판의 질이 우수하고 설명이 자세해서 출판 당시부터 많은 주목을 받았다.

라멜리의 책은 소위 당시의 '기계들의 극장 전통'에 속하는 책이었다. 기계들의 극장이라는 이름은 이 전통을 시작한 자크 베송Jacques Besson(1540?~1573)의 책 제목이 《기계들의 극장theatre of machines》이었기 때문이다. 1572년에 출판된 베송의 책은 다양한 기계와 도구들에 대한 60개의 도판과 설명을 담고 있었다. 이어서 장 에라르Jean Errard(1554~1610)의 《수학적·기계적 도구들Instruments mathematiques mechaniques》(1584)이 나왔고, 뒤이어 라멜리의 책이 출판되었다. 앞서 얘기했듯이 라멜리의 책은 이전 책들에 비해서 훨씬 더 체계적이었고 상세했으며 방대했다. 라멜리의 책은 이후 100여 년 동안 기계공학 분야의 여러 엔지니어들에게 큰 영향을 미쳤다.

이 책이 어떻게 저술되었는지에 대해서는 알려진 바가 많지 않다. 라멜리는 앙브루아즈 바쇼Ambroise Bachot라는 프랑스인 조수를 데리고 있었는데, 여러 기록으로 봐서 바쇼가 이 책에 실린 그림의 목판 대부분을 만들었다고 추정한다. 목판을 바쇼가 만들었다면 목판을 만들기 위한 원그림은 누가 그렸을까? 두 장의 원그림이 UCLA 대학교의 도서관 아카이브에 보관되어 있는데, 이것만 보고는 누가 그렸는지 알 수 있는 방법은 없다. 한 미술사가는 도해에 나오는 사람들의 의상과 건물 양식이 이탈리아풍이기 때문에 바쇼가

아닌 라멜리가 직접 원그림을 그렸을 가능성이 높다고 평가한다.

기계공학적인 재능과 독창성, 종이 위에서의 공학, 그리고 공학적 상상력의 결실

이 책《다양하고 창의적인 기계들》은 당시 유행하던 기계들의 극장 전통에 속했고, 널리 읽혔으며, 이후 비슷한 일을 했던 엔지니어들에게 큰 영향을 주었다. 책의 도판은 매우 사실적으로 그려졌고, 거대하고 복잡한 기계들은 기어, 펌프, 지레, 축과 회전 운동 등 공학적 원리를 충실하게 만족한다. 기계의 작동에 대한 설명을 쉽게 이해하도록 라멜리는 부품을 따로 보여 주는 분해도exploded view, 부품이나 기계의 단면을 보여 주는 단면도cutaway view 등의 기법을 사용하기도 했다. 이런 그림을 보면서 설명을 읽다 보면 한 가지 질문이 자연스럽게 제기된다. 라멜리는 자신의 책에 수록한 수많은 기계들을 실제로 만들었을까? 그가 직접 만들지는 않았더라도 이런 그림들은 당시에 만들어져서 실제 작동하는 기계들을 묘사한 것일까?

르네상스 이후 17세기까지의 기술사에 대한 여러 연구들을 종합해 보면 라멜리의 기계들은 실제로 제작된 것이라기보다는 자신의 기계공학적인 재능과 독창성을 뽐내기 위한 것으로 평가한다. 이 책에 실린 간단한 기계들은 라멜리가 만들었거나 당시 작동하던 기계들을 모델로 한 것일 수 있지만, 많은 기계들은 당시 기술로 구현하기에는 너무 복잡하고 어렵기 때문이다. 라멜리는 독자들에게 자신이 그린 복잡하고 거대한 기계들이 설명한 대로 작동 가능하다는 인상을 주려고 했으며, 이를 통해 자신의 재능과 후견인의 권능을 뽐내려 한 것으로 보인다.

공학적 원리를 따르면 이 세상에 없는 멋진 기계를 만들 수 있다는 것을 설계도를 통해 보이는 '종이 위에서의 공학engineering on papers'의 전통은 초기 르네상스 시기부터 유행이었고, 라멜리 역시 이 전통을 계승했다. 우리가 잘 알고 있는 레오나르도 다빈치도 이런 전통에 위치했던 사람이었다. 레오나르도 다빈치의 잠수함이나 프로펠러 헬리콥터가 실제 제작되지 않았듯이, 라멜리의 기계들 대부분도 실제로 제작되어 작동되던 것들은 아니었다. 이것들은 공학적 상상력의 결실이었다.

그렇지만 그렇다고 해서 라멜리의 책《다양하고 창의적인 기

그림 1　1700년경의 파리 과학 아카데미의 물리 실험실. 온갖 기계와 기구들의 모형이 전시되어 있다.

계들》의 역사적 중요성이 사라지는 것이 아니다. 라멜리의 그림들
은 과학자들과 기술자들 사이에서 기계와 그 부품, 모델에 대한 관
심을 불러일으키는 데 일조했다. 1666년에 문을 연 파리 과학 아카
데미Académie des sciences에서는 기계와 기구의 모형을 전시하는 널찍
한 회랑을 마련해서 기존 기계의 모형은 물론 회원들에게 발명품
을 기증받아 전시했다(그림 1 참조). 라멜리의 전통을 이은 독일의 엔
지니어 야코프 로이폴트Jacob Leupold(1674~1727)는 수차와 같은 기
계를 모형으로 만든 뒤에, 이를 부품으로 나눠서 기계의 작동을 분
해해서 이해하는 기법을 제시했다. 19세기 초엽에 기계의 메커니
즘을 정교하게 만드는 데 기여를 한 독일 엔지니어 란츠JoseMaria

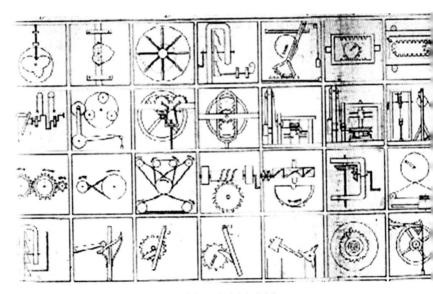

그림 2   19세기 초엽의 독일 엔지니어 란츠와 베탄코트가 다양한 기계의
메커니즘을 정리한 표.

Lanz(1764~1839)와 베탄코트Agustin de Betancourt(1758~1824)는 기계 부품들이 구현하는 다양한 메커니즘을 하나의 표로 정리해서 제시했다(그림 2 참조).

시작은 소박했지만, 라멜리의 노력은 2세기가 지나면서 정교한 기계공학으로 결실을 맺는다. 이렇게 보면 라멜리의 그림은 기계의 작동에 대한 모형을 이해하고 만드는 역사에서 하나의 이정표의 역할을 했다고 볼 수 있다.

라멜리의 《다양하고 창의적인 기계들》에서 다루는 기계는 몇 가지로 분류해 볼 수 있다. 가장 많은 도판을 할애한 기계는 물을 끌어올리는 취수기다. 총 195개의 도판 중에서 110개가 취수에 대

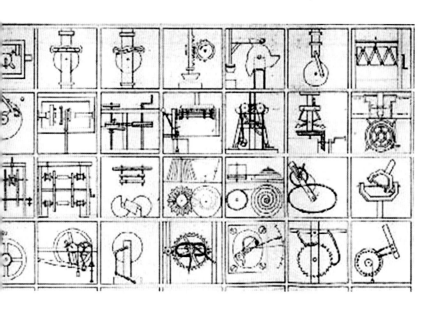

한 것이다. 곡물 제분기가 21개, 그리고 기타 제분기가 4개이다. 라멜리가 그린 기계 중에서 취수기가 절반이 넘는다는 것은 당시 농업 사회에서 농업 기술의 중요성을 보여 주는 것일까? 그럴 수도 있겠지만, 실제 그가 그린 그림과 설명을 보면 취수기의 목적은 왕이나 귀족의 정원에 물을 대기 위한 것이었다. 이어서 무거운 물체를 들어 올리는 크레인이 10개, 큰 물체를 끄는 기계가 7개, 굴착기가 2개, 일시적으로 물을 막는 방죽cofferdam이 2개, 분수가 4개, 군사용 다리가 15개, 스크류 잭 및 기타 분쇄 기기가 14개, 투척기가 4개, 포수의 사분의가 1개 등장한다. 그리고 바퀴 모양의 독서대가 하나 있다. 이를 다 합치면 195대다. 이 중 군사 기술 관련한 것이 34개로 전체의 17.4%이며, 나머지가 민간 기술이다. 195개의 기계 중에서 인간의 힘으로 작동하는 기계가 110개로 가장 많고, 수력이 65대다. 나머지 중에서 말의 힘으로 작동하는 것이 9개며 풍력이 3개 있다. 산업혁명이 시작되기 200년 전인 16세기 후반기에는 기계들 대부분이 인간의 힘으로 작동했음을 보여 주는 수치다.

　라멜리가 그린 195개의 기계 중에서 가장 유명했거나 널리 입소문을 탔던 것은 무엇일까? 안타깝지만 당시 이 책의 독자들의 반응을 판단할 수 있는 자료는 남아 있지 않다. 크고 작은 전쟁을 수행했던 당시 왕이나 귀족들은 군사 기술에 가장 큰 관심이 있었을 수 있다는 것을 짐작할 정도다. 반면에 20세기 중엽 이후에 기술의 역사가 본격적으로 연구되면서 라멜리의 도해 중에서 두 개가 기술사가들의 비상한 관심의 대상이 되었다.

라멜리의 가장 유명한 발명품,
바퀴 독서대

그 가운데 첫 번째는 그가 188번째 도해에 그린 바퀴 독서대book wheel다(그림 3 참조). 이 기계는 책 8권을 올려놓고 돌려 가면서 읽는 장치다. 라멜리는 바퀴 독서대의 작동을 설명하기 위해서 왼편 바퀴 상단에 단면도 기법을 사용했고, 아래쪽에는 부품을 따로 보여 주는 부품도 기법도 채용했다.

바퀴 독서대에는 책을 놓을 수 있는 대가 모두 8개 있었고, 각 각의 대는 바닥과 45도 각도로 기울어 있었다. 바퀴는 손이나 발을 이용해서 회전시킬 수 있었으며, 바퀴를 회전하면서도 각각의 대가 45도 각도를 유지하기 위해서 라멜리는 세 개의 기어가 맞물리는 방식을 채용했다. 중앙의 기어에 작은 기어가 마치 주전원(epicycle: 프톨레마이오스 천문학에 나오는 기법으로 행성의 큰 궤도 위에 존재하는 작은 원형 궤도)처럼 맞물렸고, 그 주전원 기어 위에 다시 큰 기어가 맞물려 있었다. 이는 그림의 오른편에 있는 바퀴의 부품도에서 더 자세히 확인할 수 있다. 라멜리의 설명에 따르면 바퀴 독서대를 이용하는 학자는 자신의 눈에 가장 편안한 위치에서 책을 고정시킨 뒤에 독서를 하다가 바퀴를 돌려서 다른 책을 읽을 수 있었다.

기술사가들이 바퀴 독서대에 주목한 첫 번째 이유는 이것의 선례를 찾기가 어려웠기 때문이다. 라멜리의 독서대는 '기계들의 극장' 전통에 속했던 다른 엔지니어들의 저작에서도 발견할 수 없었을 뿐만 아니라, 르네상스 시기, 중세 시기를 통틀어 봐도 이 비슷한

그림 3 라멜리의 바퀴 독서대.

것조차 찾아지지 않았기 때문이다. 어떤 기계가 완전히 새로운 것처럼 보여도 잘 분석해 보면 이전의 기계나 자연에 존재하는 부품, 개념, 요소들을 모으고 융합해서 만든 것인데, 이 독서대는 이전의 기술에서 그 비슷한 것도 찾기 힘들었다.

그렇지만 바퀴 독서대가 몇 가지 서로 다른 전통이 결합해서 생긴 것이라고 추론할 여지는 있다. 고대 중국에서는 책을 꽂기 위해서 회전하는 책꽂이를 사용하던 전통이 있었고, 불교 서원에서는

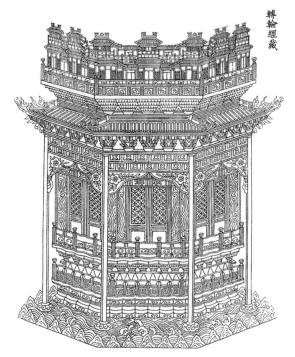

그림 4   12세기 불교의 서원에서 사용하던 거대한 회전 책꽂이, 전륜경장.

기어를 사용해서 거대한 회전 책꽂이 전륜경장을 만들곤 했다(그림 4 참조). 이런 책꽂이들은 (마치 놀이공원의 회전목마처럼) 수평방향으로 회전한다. 중국의 회전 책꽂이가 서양으로 어떻게 건너왔는지는 알려지지 않았지만, 15세기 이후의 유럽에서도 이런 회전 책꽂이의 기록이 드물지 않게 발견된다. 라멜리는 이 책꽂이를 (마치 놀이공원의 대관람차처럼) 수직 형태의 바퀴와 결합시켜서 자신의 독서대의 아이디어를 창안했을 수 있다.

그림 5 17세기 프랑스 엔지니어 그롤리에 드세르비에르가 개량한 단순해진 독서대.

독서대와 관련한 또 다른 의문은 이것이 실제로 만들어졌는가 라는 것이다. 여러 가지 사료를 검토해도 라멜리가 이를 제작했다는 증거는 발견할 수 없다. 최근에는 간단한 형태의 (예를 들어 4개의 독서대를 가진) 회전 독서대가 유럽의 여러 지역에서 만들어졌다는 연구가 나왔지만, 라멜리가 디자인했던 복잡한 독서대가 제작되었다는 기록은 아직 발견되지 않았다. 경탄을 자아낼 만큼 신기하고 흥미로운 기계임에도 실제로 한 번도 제작되지 않았다는 사실이 기묘할 뿐인데, 라멜리의 독서대가 만들어지지 않았던 한 가지 이유는 독서대가 불필요하게 복잡했기 때문이었을 수 있다. 개별 독서대의 기어는 세 개가 맞물려서 작동하게 되어 있는데, 17세기에 활동했던 프랑스 엔지니어인 니콜라 그롤리에 드세르비에르Nicolas Grollier de Servière(1596~1689)는 이런 복잡한 메커니즘 없이도 간단한 독서대를 만들 수 있음을 보였다(그림 5 참조). 라멜리와 드세르비에르의 차이는《다양하고 창의적인 기계들》의 목적이 실제로 사용될 수 있는 기계를 만드는 것이 아니라, 저자의 재능을 뽐내려고 했던 데에 있었음을 보여 주는 증거가 될 수 있다.

바퀴 독서대, 20세기에 전자적으로 구현하다

복잡한 기어는 그렇다고 해도, 라멜리는 왜 책을 8권씩 놓고 돌려 읽는 디자인을 생각한 것일까? 당시 정말 책을 이렇게 읽어야 할 필요가 있어서였을까? 구텐베르크의 인쇄 혁명이 15세기 중엽에 시작했기 때문에, 이 시기가 되면 인쇄된 책이 넘쳐났던 것은 분명했다. 그러면서 학자들의 연구 방식도 서서히 바뀌고 있었다. 중세 학자들의 연구 방식은 한 주제에 대해서 여러 책을 참조하는 것이 아니라, 한두 권을 깊게 읽고 이에 대해 해석을 하고 주를 다는 식이었다. 중세 시기에, 책은 상상을 초월할 정도로 비싸서 도서관의 책은 도난을 방지하기 위해 쇠사슬로 족쇄를 채워 보관했을 정도였다.

그러나 인쇄 혁명 이후에는 책이 싸지고 널리 보급되었으며, 하나의 주제에 대해서도 여러 종류의 책이 출판되었다. 따라서 인쇄된 책에는 색인처럼 책에 담겨 있는 정보를 쉽게 찾을 수 있는 기법도 도입하였다. 지금에 비해서는 미미하지만 인쇄 혁명 이전에 비해서 보면 라멜리의 시대에는 확실히 일종의 '정보 과잉'의 현상이 나타났던 것이다.

1970년대 이후 컴퓨터의 발전에 기인한 정보 혁명이 '정보 과잉' 현상을 낳으면서, 역사가들은 라멜리의 바퀴 독서대를 보고 비슷한 정보 과잉의 현상이 400년 전인 16세기에도 존재했다는 사실에 경탄했다. 1990년대 이후에 인터넷과 웹 브라우저가 보급되면서, 학자들은 모니터 하나에 여러 개의 창을 열어 놓고 이 창, 저 창을 브라우징하면서 연구를 하기 시작했다. 라멜리의 독서대가 전자적으로 구현된 것이었다.

라멜리의 바퀴 독서대는 아시아로도 전해졌다. 예수회 선교사 테렌츠Johann Terrenz Schreck(중국명: 등옥함鄧玉函, 1576~1630)는 중국인 왕징王徵(1571~1644)과 협력해서 중국어로 책을 저술함으로써 서양의 기계학, 역학, 엔지니어링을 중국에 전하려고 했다. 테렌츠와 왕

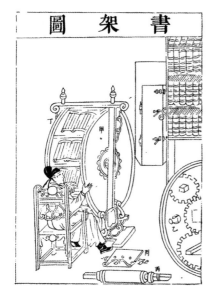

징은 라멜리, 게오르기우스 아그리콜라Georgius Agricola(1494~1555), 베송, 파우스토 베란치오Fausto Veranzio(1551~1617), 비토리오 종카Vittorio Zonca(1568~1603) 등의 저서를 참조해서 중국어로 책을 썼다.

1627년에 출판된 이 책은 《원서기기도설록최遠西奇器圖說錄最》라는 긴 제목을 달고 있었지만, 흔히 《기기도설奇器圖說》이라고 불린다. 여기에 실린 서양의 기계 그림 중에는 라멜리의 바퀴 독서대도 있었다(그림 6 참조). 그런

그림 6   중국의 《기기도설》에 소개된 라멜리의
바퀴 독서대.

데 중국에서 재현된 바퀴 독서대의 그림을 보면 기어의 메커니즘이 잘못 묘사되어 있었음을 알 수 있다. 오른쪽 하단의 부품도에서 묘사한 기어는 실제로 작동하기 어렵게 되어 있다. 오랫동안 중국 과학 기술사를 연구한 과학사가 조지프 니덤Joseph Needham(1900~1995)은 일반적으로 수평으로 작동하는 바퀴를 사용하던 중국에서는 수직으로 작동되는 바퀴를 보기 힘들었으며, 이런 이유 때문에 라멜리의 기계를 이해하기 쉽지 않았을 것이라고 해석했다.

유럽의 과학혁명, 중국의 과학혁명?

라멜리의 저서에 나온 도해 중에 두 번째 유명한 그림은 유럽과 중
국 사이의 기술 이전과 관련한 것이다. 라멜리의 도해 중에 핸들을
돌려서 우물에서 물을 퍼 올리는 취수기를 묘사한 것이 있다(그림 7
참조). 이 역시 기어의 작동을 설명하기 위해서 단면도와 부품도의
기법을 사용했다. 기어 부품이 있는 영역, 로프의 방향을 바꿔 주는
도르래 영역에 단면도가 사용되었고, 왼쪽 하단에는 주요 기어 부
품을 독립적으로 그려 놓았다.

　그런데《기기도설》에 재현된 그림에서는 핸들의 작동에 의해
서 기어가 돌아가는 것까지는 제대로 묘사되어 있지만, 기어의 작
동이 로프를 작동시켜서 두레박을 상하로 움직이는 과정이 정확하
게 묘사되어 있지 못하다(그림 8 참조). 따로 그려진 기어 부품의 의미
도 정확하게 파악하지 못해서, 마치 이것을 기계의 일부인 것처럼
묘사하고 있다. 이는 당시 유럽에서 사용하던 단면도나 부품도를
정확하게 이해하지 못했기 때문으로 보인다.

　르네상스 미술사를 연구한 새뮤얼 에저튼Samuel Edgerton, jr.은
이 기술 이전이 보여 주는 작은 불협화음에 주목했다. 그는 르네상
스 시기의 미술에서 세상을 사실적으로 보는 원근법, 조감도, 투시
도, 부품도 같은 여러 기법이 발전했다는 사실을 강조했다. 이런 기
법은 미술의 영역에만 머문 것이 아니라 과학과 기술에도 응용되었
고, 결국 근대 과학과 산업의 발전을 가져오는 데 크게 기여를 했다
는 것이 그의 해석이었다. 그는《기기도설》에 엉성하게 재현된 취수

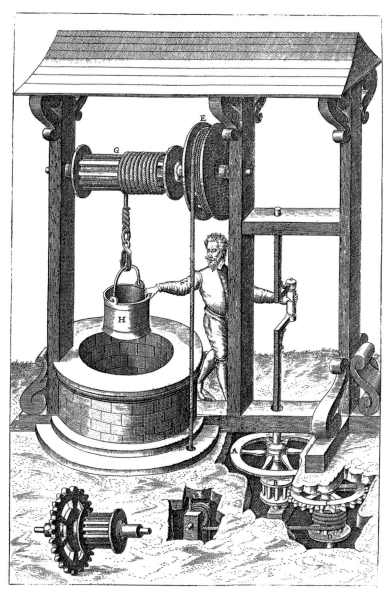

그림 7   라멜리의 취수기.

기의 그림이, 17세기 중국에서는 유럽 사람들이 보는 방식대로 세상을 보고 이해하는 방식을 발전시키지 못했다는 사실을 보여 준다고 해석했다. 원근법부터 시작한 미술에서의 혁명이 서양의 근대 과학 기술을 낳았다면, 중국에서는 이런 기법이 없었던 것이 근대 과학 기술을 발전시키지 못한 이유가 될 수 있었다는 것이다. 그의 해석이 옳다면 오랫동안 중국학 연구자들이 고민했던 문

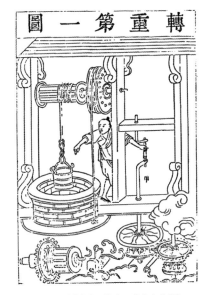

그림 8 중국의 《기기도설》에 소개된 라멜리의 취수기.

제인 "왜 중국에서는 과학혁명이 없었는가?"에 대한 답은 미술사에서 찾을 수 있을 것이었다.

그렇지만 에저턴의 주장에는 허점이 많다. 우선 원근법, 투시도, 부품도 같은 미술 기법들이 서양의 근대 과학 기술을 낳는 데 얼마나 큰 역할을 했는지는 분명치 않다. 과학사가들은 근대 과학의 핵심이 세상을 사실적으로 보는 것이 아니라, 세상을 추상화하고 실험적으로 조작하는 데 있었다고 해석한다. 게다가 라멜리의 작업은 실제 작동하는 기계를 사실적으로 그린 것이 아니라, 그의 상상력과 엔지니어링 재능이 결합해서 만들어 낸 산물들이었다. 중국인

들이 라멜리의 그림을 이해하기 힘들어 했던 데에는 이렇게 기계를 상상해서 그렸던 전통이 중국에 없었다는 점을 고려해야 한다. 또 당시 중국에서는 사실적인 그림들이 높게 대우받지 못했다. 사대부들은 사실적인 그림은 계층이 낮은 장인들의 영역이라고 생각했다. 따라서 이런 모든 요소들을 고려해 보면《기기도설》의 그림을 그린 왕징이 라멜리의 복잡한 기계 그림의 일부를 빼고 그렸다고 해서, 이 의미를 과학혁명 전반으로 확대 해석하는 것은 설득력이 떨어진다. 그리고 무엇보다 실제로《기기도설》의 많은 그림들은 유럽의 기계들을 비교적 정확하게 재현했다는 점을 간과해서도 안 된다.

1588년에 파리에서 프랑스어와 이탈리아어로 출판한 라멜리의 책《다양하고 창의적인 기계들》은 1620년에 독일어 판으로도 출판되었다. 그 뒤로는 다른 번역본이 나오지 않다가 1976년에 미국 존스홉킨스 대학교 출판부에서 영어 번역본이 나왔고, 이는 이후에 도버출판사에서 다시 인쇄되어 널리 배포되었다. 국내에서는 아직 번역본이 없다. 그렇지만 지금 이렇게 100여 개의 도해라도 우선 출판되어 국내 독자들에게 소개할 수 있어서 반갑다. 이 책이 라멜리와 기계의 극장 전통에 대한 관심을 불러일으키고, 조만간 책 전체가 소개되기를 희망해 본다.

참고문헌

정형민, 《《기기도설》의 기술도 분석》, 《한국과학사학회지》 제29권 제1호, 2007, pp. 97-130.

홍성욱, 《그림으로 보는 과학의 숨은 역사》, 책세상, 2012.

Alexander Keller, "Renaissance Theatres of Machines," *Technology and Culture 19*, 1978, pp. 495-508.

Bert S. Hall, "A Revolving Bookcase by Agostino Ramelli," *Technology and Culture 11*, 1970, pp. 389-400.

John Considine, "The Ramellian Bookwheel," *Erudition and the Republic of Letters 1* 2016, pp. 381-411.

Paolo Rossi, Philosophy, *Technology and the Arts in the Early Modern Era*, Harper & Low, 1970.

Samuel Edgerton, Jr. "The Renaissance Artist as Quantifier," in Margaret A. Hagen ed., *The Perception of Pictures*, New York, 1980, pp. 179-212.

일러두기

1   아고스티노 라멜리가 출간한 《다양하고 창의적인 기계들》은 총 195개의 기계 도해를 수록하고 있다. 이 가운데 102개의 기계를 골라 이 책에 실었다.

2   001~080번까지는 설명과 도해를 같이 볼 수 있도록 나란히 실었다. 양면에 그린 그림이거나 두 개를 나란히 놓아야 이해할 수 있는 도해는 뒤로 배치하였다.

3   081번부터는 설명을 두 개 넣고 그에 해당하는 도해는 두 개씩 양면으로 이어서 넣었다. Plate번호를 확인하고 설명과 그림을 보면 이해할 수 있다.

AVGVSTINVS DE RAMELLIS DE MASANZANA.
ÆTATIS SVÆ ANNO . LVII.

아고스티노 라멜리.

차례

○○I
───

Plate I

**강물을 이용해서
물을 끌어올리는 기계**

왼쪽의 수차가 회전하면서 중앙 아래의 축을
돌리고 이 힘으로 피스톤과 밸브가 작동해서
지하의 물을 끌어올려서 탑의 꼭대기에 있는
분수로 보낸다. 피스톤은 두 개인데 하나는 그
림에서 보이지 않는다.

Plate I

<u>002</u>

Plate 2

**사람의 힘을 이용해서
물을 끌어올리는 기계**

사람이 크랭크crank를 돌려서 축을 회전시키고, 이 운동이 두 피스톤과 밸브를 작동시켜서 물을 끌어올린다.

Plate 2

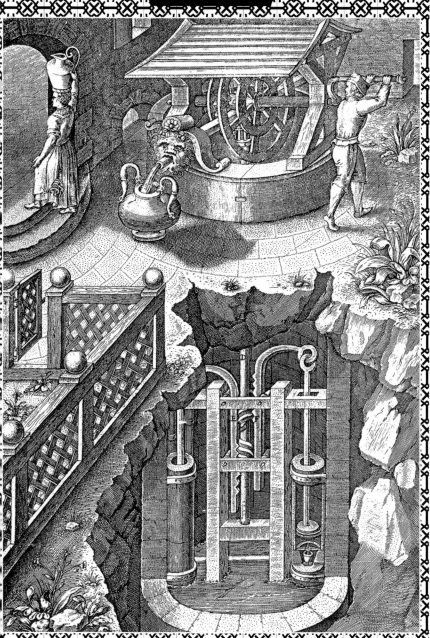

○○3
___

Plate 3

**물의 흐름을 이용해서
물을 끌어올리는 기계**

물이 흐르면서 중앙 하단에 있는 터빈 모양의
바퀴를 회전시키고, 이 회전 운동을 이용해서
양 옆의 피스톤과 밸브가 작동해서 물을 끌어
올린다. 끌어올린 물은 양 옆의 파이프를 통해
탑의 꼭대기까지 보내진다.

Plate 3

○○4
___

Plate 5

강물을 이용해서
물을 끌어올리는 기계

수차를 이용해서 4개의 피스톤을 상하로 작
동시켜서 흐르는 강의 물을 끌어올린다. 피스
톤이 위로 올라갈 때 밸브가 열려서 강물은 실
린더로 따라 들어오고, 피스톤이 밑으로 내려
가면서 밸브가 닫히고 이 물은 옆의 파이프를
통해 올려 보내진다. 끌어올린 물은 탑의 상단
수로를 이용해서 필요한 곳으로 이동된다. 그
림의 왼쪽에는 실린더와 피스톤이 자세하게
그려져 있다.

Plate 5

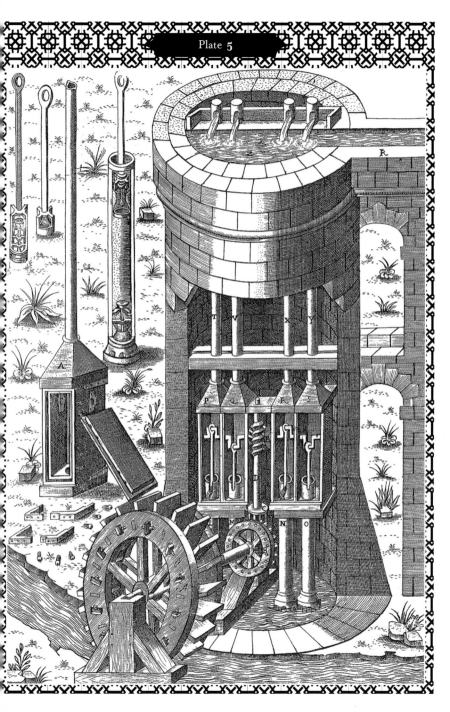

○○5

Plate 7

**강물을 이용해서
물을 끌어올리는 기계**

수차를 이용해서 4개의 피스톤을 작동시켜서
흐르는 강의 물을 끌어올린다. 물을 끌어올리
는 원리는 앞에서 설명한 것과 같다.

Plate 7

○○6
____

Plate 9

**강물을 이용해서
물을 끌어올리는 기계**

수차의 회전을 이용해서 흐르는 강물을 끌어
올린다. 그림 왼쪽에 그려진 정원과 분수는
이렇게 끌어올린 물이 귀족이나 영주의 정원
을 장식하는 데 사용될 수 있음을 보여 주고
있다.

Plate 9

oo8

Plate 13

강물이나 운하를 이용해서
물을 끌어올리는 기계

흐르는 물의 힘으로 하단의 왼쪽에 있는 터빈 모양의 수차가 회전하고, 이 회전 운동이 위로 전달되어 중앙 왼쪽의 기어를 통해서 좌우로 움직이는 직선 운동으로 바뀐다. 이 운동이 중앙 오른쪽 축을 좌우로 움직이게 한다. 이 운동이 톱니 모양의 원형 피스톤에 전해져 이 피스톤이 원형 실린더 속에서 마치 시계추처럼 좌우로 움직이는데, 이 피스톤의 운동을 이용해서 물을 끌어올리고 이를 중앙의 파이프로 밀어 올린다.

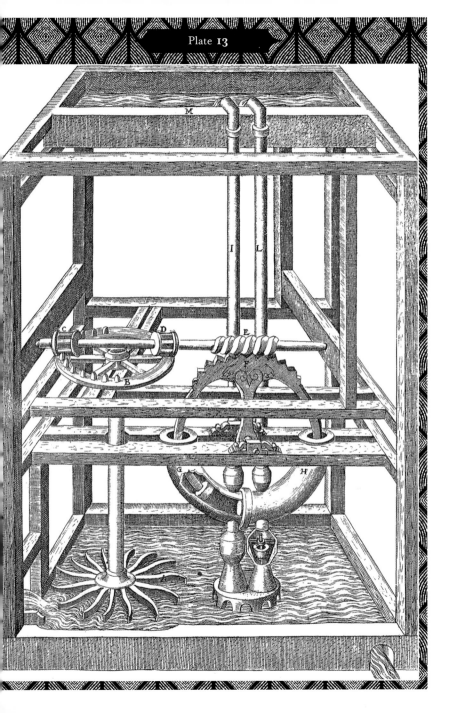

Plate 13

009

Plate 16

한 사람의 힘을 이용해서
우물물을 끌어올리는 기계

한 사람이 크랭크를 돌려서 두 개의 피스톤을
상하로 작동시키고, 이 작용이 중앙의 파이프
를 통해서 하단에 있는 우물물을 끌어올려서
상단 왼쪽의 돌고래 모양의 장식의 입에서 물
을 나오게 한다. 하단 중앙의 밸브는 물을 끌
어올릴 때는 열리고, 물을 위로 보낼 때에는
닫힌다.

Plate 16

010

Plate 20

한 사람의 힘을 이용해서
우물물을 끌어올리는 기계

한 사람이 피스톤을 돌리고 이 회전 운동은 그
림 중앙의 상단에 있는 기어의 작용을 통해서
상하 운동으로 바뀌어서 중앙의 피스톤을 아
래위로 작동시킨다. 피스톤의 운동은 물을 끌
어올려서 인어 모양의 장식을 통해 정원에 분
출된다. 회전 운동을 상하 운동으로 바꿔 주는
기어는 절반에만 톱니를 달고 있는데, 그림 중
앙 오른쪽에 이 부품이 잘 보일 수 있게 그려
져 있다.

Plate 20

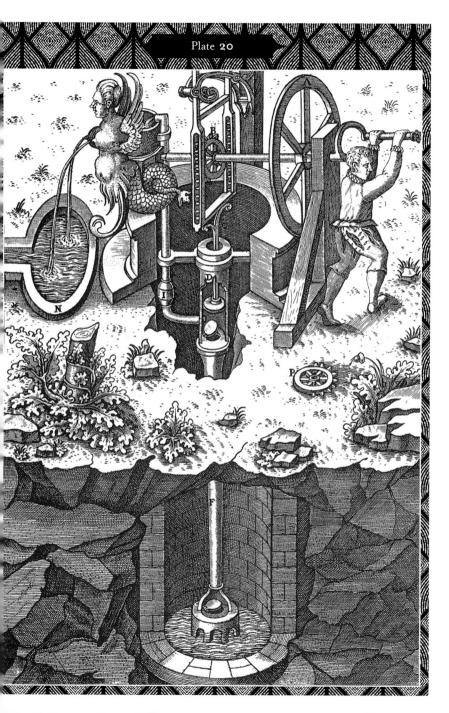

<u>OII</u>

Plate 24

**강물이나 운하를 이용해서
물을 끌어올리는 기계**

그림 왼편의 수차의 회전을 이용해서 피스톤
을 작동시킨다. 이 기계는 작은 피스톤 몇 개
를 사용하는 대신에 그림 하단의 왼쪽에 있는
거대한 피스톤(N) 하나를 아래위로 작동시켜
서 물을 끌어올린다.

Plate 24

012
—

Plate 26

강물이나 운하를 이용해서
물을 끌어올리는 기계

수차의 회전이 그림 중앙에 있는 구부러진 막
대를 상하로 움직이고 이것이 실린더 속의 피
스톤들을 작동시켜서 물을 세 단계 위로 끌어
올린다. 막대 하나의 운동이 삼단 피스톤을 작
동시키는 기계다.

Plate 26

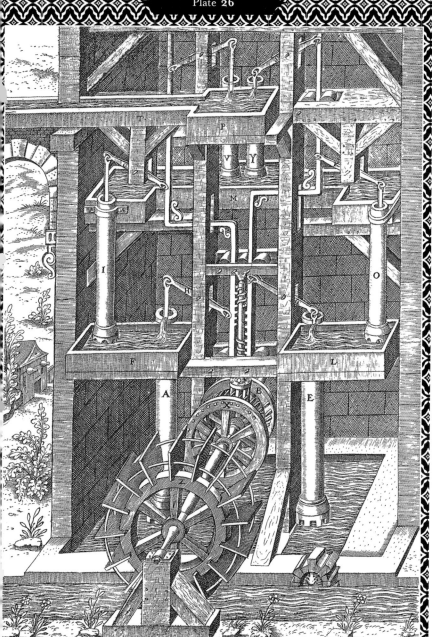

013

Plate 28

한 사람의 힘을 이용해서
우물물을 끌어올리는 기계

사람이 크랭크를 돌리고 이 회전 운동을 크랭
크에 연결된 둥근 바퀴를 통해 상하 직선 운동
으로 바꾸어서 여러 피스톤을 동시에 움직이
게 한다. 바퀴는 그 내부 구조를 잘 볼 수 있게
지상에 분해되어 묘사되어 있다. 막대의 상하
운동은 피스톤을 작동시키고 우물 바닥의 물
을 1단 수조, 2단 수조, 그리고 마지막 3단 수
조를 거쳐서 지상으로 끌어올린다.

Plate 28

<u>014</u>

Plate 29

**강물이나 운하를 이용해서
물을 끌어올리는 기계**

강물의 흐름이 터빈 모양의 바퀴를 회전시키고, 이 회전 운동을 상하 직선 운동으로 바꿔서 피스톤을 작동시키고, 이를 통해 물을 세 단계에 걸쳐 위로 끌어올린다.

Plate 29

<u>015</u>

Plate 32

**한 사람의 힘을 이용해서
우물물이나 수조의 물을 끌어올리는 기계**

한 사람이 크랭크를 돌리면 이 회전 운동이 닻
모양의 두 기어의 상하 운동으로 바뀐다. 크랭
크에 연결된 기어에는 일부만 톱니바퀴가 달
려 있으며, 두 개의 닻 모양의 기어는 체인으
로 연결되어 있어서 하나가 올라갈 때 다른 하
나는 내려오는 운동을 조율한다. 이것이 피스
톤을 반복적으로 왕복 운동하게 하면서 물을
끌어올린다. 밸브는 물이 올라올 때 열리고,
물을 끌어올릴 때 자동으로 닫힌다.

Plate 32

<u>o16</u>

Plate 35

**강물을 이용해서
물을 끌어올리는 기계**

강물의 흐름은 터빈 모양의 수차를 돌리고, 이
운동이 위로 전달되어 가로로 놓인 축을 회전
시킨다. 이 회전 운동은 체인을 감고 푸는 운
동으로 전달되고, 체인에 연결된 링크 막대들
을 상하로 운동시켜서 피스톤을 작동시킨다.
이전 기계들처럼 피스톤의 작동은 물을 위로
끌어올린다.

Plate 35

$\underset{\rule{1em}{0.4pt}}{017}$

Plate 37

한 사람의 힘을 이용해서
우물물을 끌어올리는 기계

사람의 힘으로 바퀴에 감긴 체인을 돌려서 바
퀴를 회전시키면, 이 회전 운동이 옆에 달린
조그만 바퀴의 회전으로 전달되고, 이것이 다
시 피스톤의 상하 운동으로 이어진다.

Plate 37

018
—

Plate 38

수로를 이용해서 물을 끌어올리는 기계

수차의 운동을 이용해서 금속으로 만든 원통
e속의 실린더형 구조물을 회전시킨다. 이 구
조물의 모양은 그림 하단 오른쪽에 나와 있다.
구조물은 회전하면서 그 속에 있는 판자가 작
동해서 물을 밀어주고, 이렇게 밀어진 물은 파
이프를 타고 꼭대기 분수까지 올라간다.

Plate 38

019

Plate 43

강물을 끌어올려서
잔디에 물을 대는 기계

이 수차의 중앙은 물을 풀 수 있는 그릇의 형
태를, 양옆은 물의 힘을 받아서 움직이는 일반
수차의 형태를 갖고 있다. 강의 흐름을 이용해
서 이 수차를 돌리면 물이 수차 중앙의 그릇에
담겨 위로 올라오고, 위에서 옆에 난 구멍을
통해 정원의 잔디로 옮겨진다. 이 기계 전체가
배의 모양을 하고 있고 체인으로 연결되어 있
는 것을 볼 때, 라멜리는 이 기계를 이동식 기
계로 고안한 듯하다.

Plate 43

020

Plate 46

운하의 물을 끌어올리는 기계

수차의 운동을 이용해서 세 개의 파이프 내부에 장착된 스크류를 회전시킨다. 이 스크류는 물을 낮은 곳에서 높은 곳으로 이동시킬 수 있게 디자인하였다. 파이프 내부에 있는 스크류는 그림 하단에 부품도와 단면도를 이용해서 그렸다.

Plate 46

○21

Plate 47

운하를 이용해서
물을 끌어올리는 기계

물의 흐름을 이용해서 터빈 모양의 수차를 돌리고, 이 운동을 이용해서 파이프 속의 스크류를 회전시켜 물을 끌어올린다. 스크류는 앞에 나온 Plate 46에서 나온 것과 같은 것이다.

Plate 47

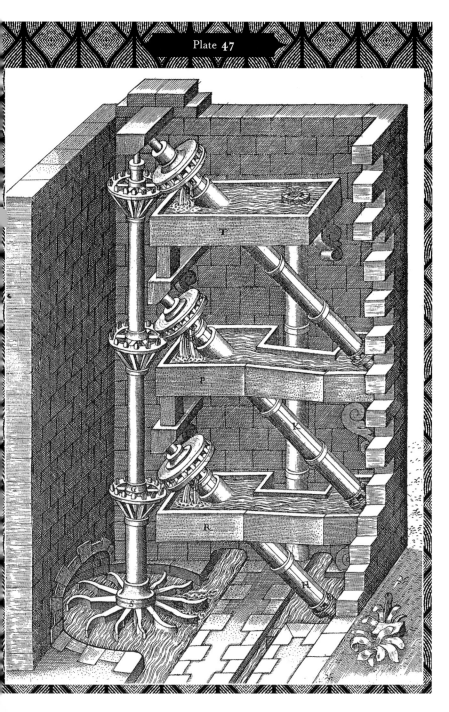

022
———

Plate 51

**강물을 이용해서
강물을 끌어올리는 기계**

물의 흐름을 이용해서 그림 왼편의 수차를 돌
리고 이 동력을 이용해 원통 속의 패들 구조물
을 돌려서 실린더 속의 물을 위로 밀어 올린
다. 패들 구조물의 모양은 그림 중앙에 부품도
를 이용해서 그려 놓았다.

Plate 51

Plate 54

운하를 이용해서
물을 끌어올리는 기계

물의 흐름을 이용해서 수차를 돌리고, 기어를
이용해서 이 수차의 회전 운동을 두 막대의 좌
우 직선 운동으로 바꾼다. 막대의 직선 운동은
막대에 달려 있는 닻 모양의 피스톤을 시계추
처럼 움직이게 하고, 이는 물을 빨아들였다가
다시 위쪽 방향으로 밀어 올리는 역할을 한다.
오른쪽 귀퉁이의 파이프는 위로 끌어올린 물
을 다시 필요한 곳으로 보내는 용도이다.

Plate 54

024

Plate 56

한 사람의 힘을 이용해서
우물물이나 수조의 물을 끌어올리는 기계

사람이 크랭크를 돌려서 추 모양의 피스톤들
이 연결된 체인을 감아올리면, 추와 추 사이에
지하에 있는 물이 담겨서 지상으로 올라온다.

Plate 56

025

Plate 57

운하를 이용해서
운하의 물을 끌어올리는 기계

운하의 자연적인 물 흐름을 이용해서 수차를
돌리고 수차의 운동을 이용해서 4개의 긴 피
스톤을 움직여서 아래쪽의 물을 파이프를 통
해 위로 밀어 올린다.

Plate 57

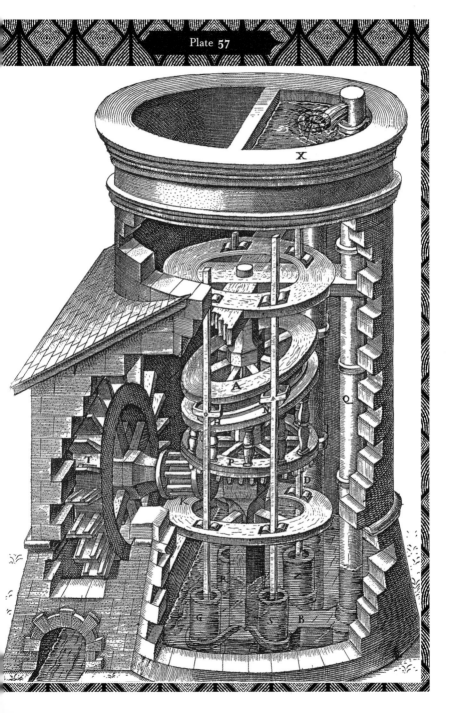

<u>026</u>

Plate 59

한 사람의 힘을 이용해서
우물물을 끌어올리는 기계

한 사람이 핸들을 잡고 몸을 고정한 채로 바
퀴를 돌리면, 기어를 이용해서 그 회전 운동을
두 개의 피스톤의 상하 반복 운동으로 바꿔서
물을 밀어 올린다. 회전 운동을 상하 반복 운
동으로 바꾸기 위해 필요한 기어에는 절반만
톱니바퀴가 달려 있는데, 이는 그림 왼편에 따
로 그려져 있다.

Plate 59

027

Plate 61

한 사람의 힘을 이용해서
우물물을 끌어올리는 기계

가장 간단한 형태의 펌프다. 핸들을 들어 올렸다 내렸다 하는 대신에 바퀴를 돌려서 작동시킨다.

Plate 61

028

Plate 62

강물을 이용해서 물을 빼는 기계

수차를 이용해서 피스톤을 상하로 작동시켜
서 물을 중앙의 수로로 빼낸다.

Plate 62

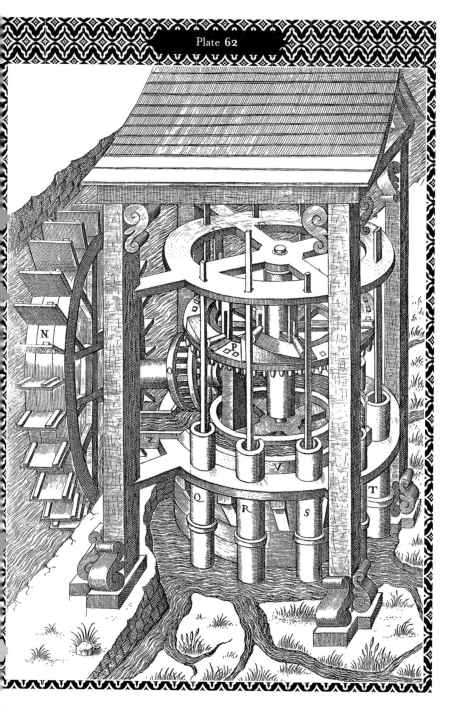

029

Plate 64

한 사람의 힘을 이용해서
우물물을 얻는 기계

크랭크를 돌려서 얻은 회전 운동을 피스톤의
상하 운동으로 바꿔서 물을 퍼 올린다. 인어
모양의 장식은 이 기계가 귀족의 정원에 사용
될 수 있음을 암시하고 있다.

Plate 64

030

Plate 65

운하를 이용해서
운하의 물을 끌어올리는 기계

운하의 흐름을 이용해서 터빈 모양의 수차를
돌리고 이 힘으로 물을 높이 끌어올린다.

Plate 65

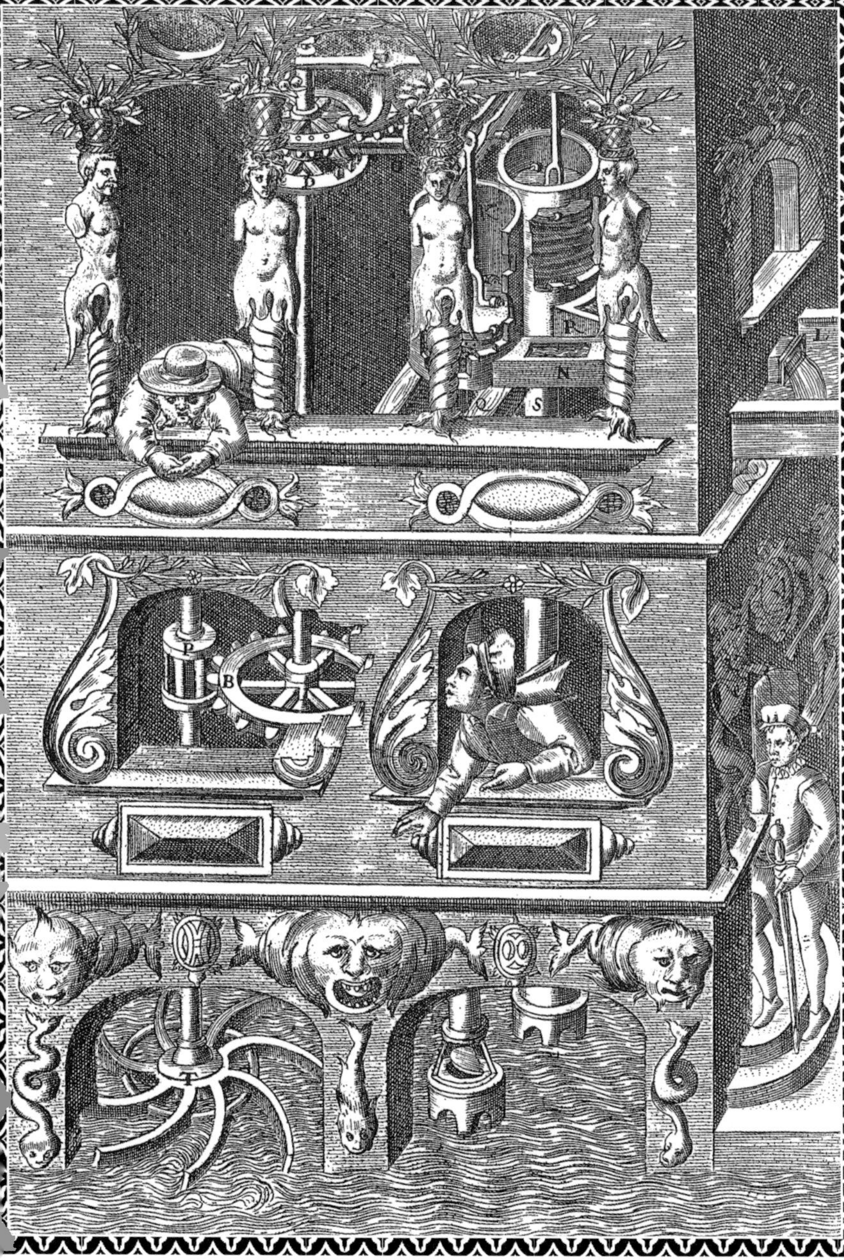

031

Plate 67

물의 힘을 이용해서
물을 끌어올리는 기계

수차의 회전 운동을 이용해서 패들을 움직여
서 통 속의 물을 위로 밀어 올린다. 패들의 형
태는 그림 가운데 따로 묘사되어 있다.

Plate 67

032

Plate 71

한 사람의 힘을 이용해서
물을 얻는 기계

한 사람이 크랭크를 돌려서 중앙의 막대를 아
래위로 움직이면 막대 끝에 달린 피스톤에 의
해 물이 끌어올려진다. 우물의 맨 아래쪽에는
밸브가 있어서 피스톤이 내려갈 때는 열리고
물을 끌어올릴 때는 닫힌다.

Plate 71

○33

Plate 73

**바람의 힘을 이용해서 물을 끌어올려서
정원에 물을 대는 기계**

바람이 풍차의 날개를 돌리면 이 회전 운동을
이용해서 추가 달린 체인을 돌리고 이것이 물
을 위로 올릴 수 있다. 바람의 힘을 이용한 기
계는 라멜리의 책 전체를 통해서 매우 드물게
등장하는 사례다. 왼쪽 아래에 그려진 사람은
풍차의 방향을 조정하는 방향타를 조작하고
있다.

Plate 73

○34

Plate 74

한 사람의 힘을 이용해서
우물물을 얻는 기계

한 사람이 핸들을 잡고 몸을 고정시킨 뒤에 발
로 바퀴를 돌리면 기어의 작용에 의해서 이 운
동이 물이 나오는 두 파이프를 상하로 번갈아
운동하게 한다. 파이프의 하단에는 피스톤이
달려 있고, 이 피스톤이 파이프를 통해 물을
끌어올린다. 물이 나오는 파이프에 연결된 기
어 장치가 그림 오른편에 따로 그려져 있다.

Plate 74

○35

Plate 75

**한 사람의 힘을 이용해서
깊은 우물물을 얻는 기계**

크랭크를 돌려서 로프를 감아 우물 위에 있는
바퀴를 돌리면 두레박에 연결된 로프가 풀리
면서 두레박이 우물 바닥으로 내려간다. 물을
뜨고 크랭크를 반대 방향으로 돌리면 두레박
이 위로 올라온다.

Plate 75

036

Plate 80

**한 사람의 힘을 이용해서
매우 깊은 우물물을 얻는 기계**

한 사람이 발로 바퀴를 돌리면 두 개의 두레박
이 내려갔다 올라갔다를 반복한다.

Plate 80

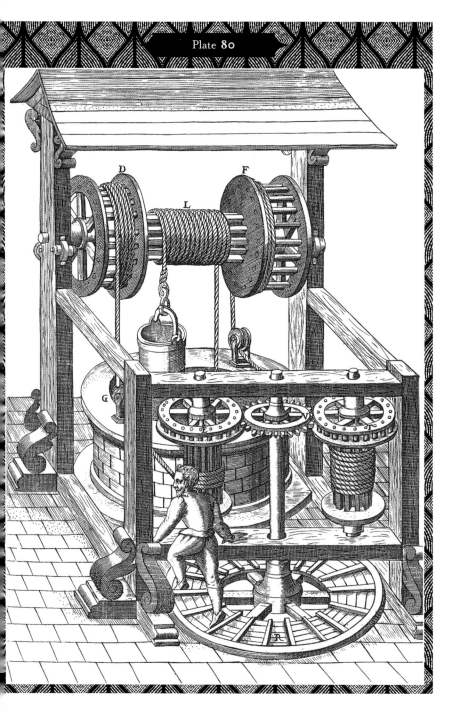

○37

Plate 85

한 사람의 힘을 이용해서
매우 깊은 우물물을 얻는 기계

한 사람이 크랭크를 돌리면 기어가 작동해서
우물 위에 있는 큰 바퀴가 회전하고, 이에 따
라 두레박을 내렸다 올렸다 할 수 있다. 기어
와 도르래의 작동을 이해하기 쉽게 하기 위해
부품도와 단면도를 사용했다.

Plate 85

○38

Plate 87

**한 사람의 힘을 이용해서
우물물이나 수조의 물을 얻는 기계**

한 사람이 거대한 바퀴 속에 들어가서 이를 밟
아 회전시키면, 컨베이어 벨트 같은 구조물이
회전하면서 우물의 물을 자동으로 퍼 올린다.

Plate 87

039

Plate 91

한 사람의 힘을 이용해서
매우 깊은 우물물을 얻는 기계

도르래 여러 개를 이용해서 깊은 우물의 물을
효과적으로 퍼 올릴 수 있다. 왼쪽은 고정 도
르래를 사용하고, 오른쪽에는 이동 도르래를
쓰면서 이를 비교하고 있다.

Plate 91

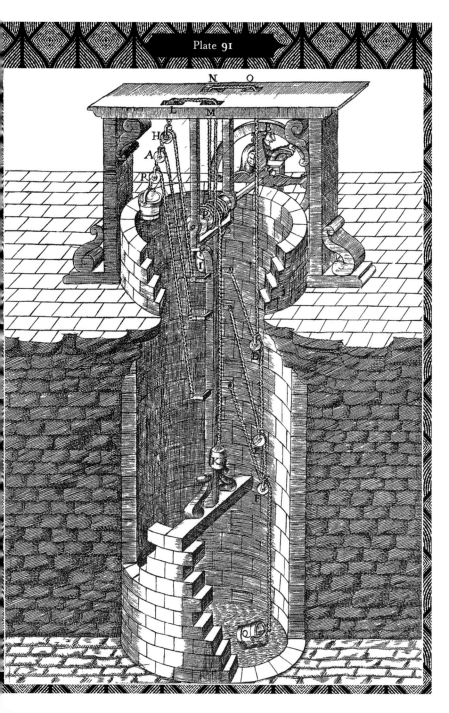

○4○

Plate 96

강물을 이용해서
높은 곳으로 물을 나르는 기계

Plate 95(190, 192~193쪽 참조)의 기계와 비슷
한 원리와 역시 비슷한 모양의 수로를 사용해
서 아래쪽 물을 위로 올린다.

Plate 96

041

Plate 97

강물을 이용해서 물을 빼는 기계

수차의 힘으로 피스톤을 아래 방향으로 밀어
내리면서 그 힘으로 물을 밀어내서 호수처럼
물이 차 있는 지역의 물을 뺀다.

Plate 97

042

Plate 103

두 사람의 힘을 이용해서
물을 빼는 기계

두 개의 크랭크를 방향을 바꾸어 돌리면 로프
와 이에 연결된 판자가 물속에서 좌우로 반복
운동을 한다. 판자에는 물막이가 달려 있고,
이 물막이가 물을 지속적으로 밖으로 밀어내
서 파이프를 통해 높은 곳으로 빼낸다. 크랭
크는 두 사람이 돌리는데, 한 사람만 그려져
있다.

Plate 103

043

Plate 104

한 사람의 힘을 이용해서
물을 빼는 기계

한 사람이 크랭크를 돌리면 이것이 기어의 작용을 통해 마치 추가 움직이듯이 바퀴 모양의 원형 기어를 좌우로 움직이게 한다. 바퀴 모양의 기어 아랫부분에는 뚜껑이 달려 있어서, 물이 들어가는 통을 열었다 막았다를 반복한다. 뚜껑에는 통에 딱 맞는 물막이가 달려 있고, 통이 닫힐 때 물막이는 물을 통 외부로 완전히 밀어낸다.

Plate 104

<u>044</u>

Plate 106

두 사람의 힘을 이용해서
물을 빼는 기계

구멍이 뚫린 원통형 모양의 통 속에 물을 받은
뒤에 사람의 힘으로 크랭크를 돌려서 물막이
를 작동시킴으로써 통 속에 담긴 물을 외부로
밀어낸다.

Plate 106

○45

Plate III

항만, 하천 등의 가물막이공

이 '기계'는 해안이나 하천 등에 구조물을 시
공할 때 마른 땅 확보를 위한 가설 구조물이
다. 이 구조물은 요철 모양을 한 빔beam 모양
을 하고 있고, 조립이 간단할 뿐만 아니라 요
철 모양의 이음새가 물의 침투를 확실하게 막
아 준다.

Plate III

<u>046</u>

Plate 112

항만, 하천 등의 가물막이공

이 가물막이공은 이전의 가물막이공에 비해
서 훨씬 더 스케일이 큰 것이다. 따라서 물을
퍼내는 작업도 사람이 아니라 기계가 담당한
다. 사람이 줄을 당겨서 크레인을 어느 높이
이상 올라가게 잡아당기면, 크레인 끝에 걸린
물바구니의 물이 자동적으로 크레인 내부로
쏟아져서 물을 뺄 수 있게 된다.

Plate 112

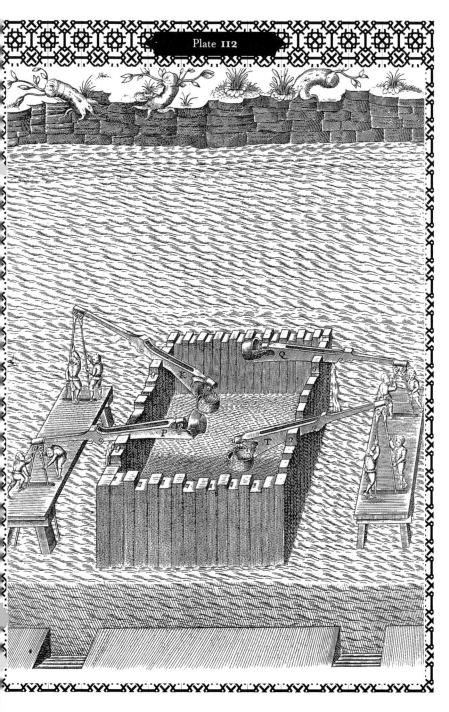

047

Plate 113

물의 힘을 이용한 간단한 제분기

수차의 회전을 이용해서 맷돌을 돌리고 회전
하는 맷돌의 구멍에 깔때기 모양의 입구를 대
고 곡식을 넣는다.

Plate 113

048

Plate 114

**물의 힘을 이용한
간단한 제분기**

물의 흐름을 이용해서 터빈 모양의 수차를 회
전하고, 이에 맷돌을 직접 연결해서 사용한다.

Plate 114

049

Plate 117

강 중앙에 세운 제분기

강물의 흐름을 이용해서 수차를 돌리고 이 회
전 운동을 맷돌을 돌리는 운동으로 바꿔서 곡
식을 분쇄한다. 그림 하단 아래의 널빤지는 도
르래를 이용해서 올렸다 내렸다 함으로써 수
차에 작용하는 강물의 유속을 조정할 수 있다.

Plate 117

050

Plate 119

물의 힘을 이용한 밀 제분기

작은 개천의 지류에 수로를 만들어서 수차를
돌리고 이 힘을 이용해서 제분기를 작동시킨다.

Plate 119

<u>051</u>

Plate 120

말의 힘을 이용한 제분기

마을 주변에 물이 없을 때에는 물의 힘 대신
에 말의 힘을 이용해서 제분기의 맷돌을 돌릴
수 있다. 그림 중앙의 추는 무게를 더하거나
뺌으로써 맷돌의 높낮이를 조정하기 위한 용
도이다.

Plate 120

○52

Plate 122

말의 힘을 이용한 제분기

이 제분기에서도 쐐기로 작동하는 막대(H)를
이용해서 맷돌의 높낮이를 조정할 수 있다.

Plate 122

○53

Plate 123

한 사람의 힘을 이용한 제분기

한 사람이 원판 형태의 울퉁불퉁한 판자 위에
올라가서 발로 판자를 밀어내리는 힘을 이용
해서 맷돌을 돌린다.

Plate 123

054

Plate 125

두 사람의 힘을 이용한 제분기

두 사람이 반대 방향으로 회전하는 크랭크를
돌리고 그 힘으로 체인을 돌려서 기어를 작동
시킨다.

Plate 125

<u>o</u>55

Plate 129

한 사람의 힘을 이용한
휴대용 제분기

이 제분기는 이동 가능한 기계다. 사람의 힘으
로 가운데 축과 연결된 크랭크를 돌려서 제분
기 내부의 원통을 회전시켜서 곡물을 분쇄한
다. 원통형 구조물의 내부를 자세히 볼 수 있
게 부품도와 투시도를 하단에 제공하고 있다.

Plate 129

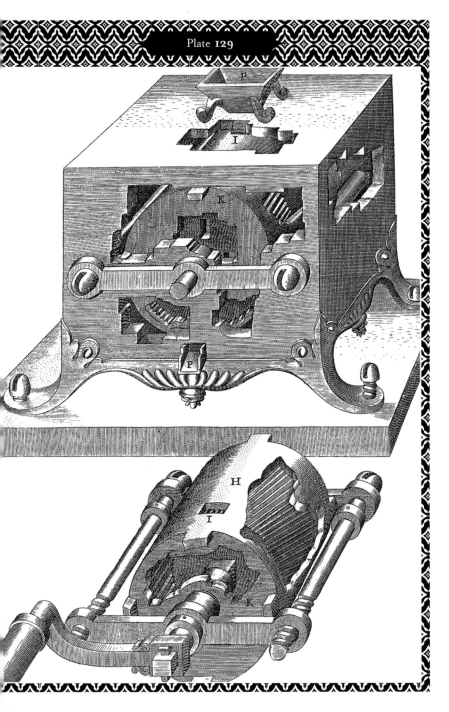

<u>o56</u>

Plate 130

두 사람의 힘을 이용한 제분기

이 제분기는 사람의 힘을 동력으로 사용하지
만 동시에 기중기의 원리를 이용하고 있다. 두
사람이 축을 회전시켜서 원통형의 롤러에 로
프를 감아 추를 들어 올리고, 이 추를 서서히
낙하시키면서 낙하 운동을 이용해서 바퀴 모
양의 기어를 회전시키고, 이 운동을 이용해서
맷돌을 돌린다. 추를 깊게 떨어뜨리기 위해서
땅을 파 놓았다.

Plate 130

○57

Plate 131

두 개의 평형추를 이용한 제분기

하나의 추가 내려갈 때 다른 추가 올라가게 함
으로써 연속적으로 제분할 수 있게 만든 제분
기다. 추를 올리는 동력은 그림의 상단 오른편
에 묘사된 사람의 힘을 이용한다.

Plate 131

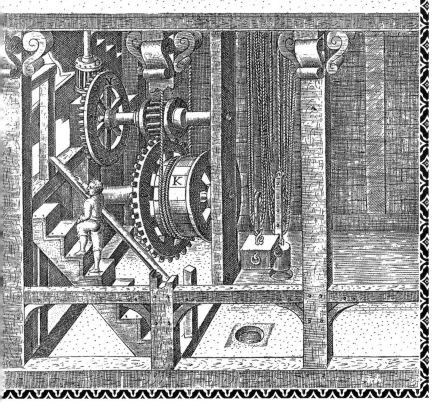

058

Plate 132

풍차 제분소

바람의 힘을 이용해서 맷돌을 돌리는 제분소
다. 바람의 힘을 이용한 기계는 라멜리의 책
전체를 통해서 매우 드물게 등장하는 사례다.
그림 왼편의 사람은 로프를 이용해서 풍차의
날개 방향을 바꿀 수 있는 방향타 막대를 조정
하고 있다.

Plate **132**

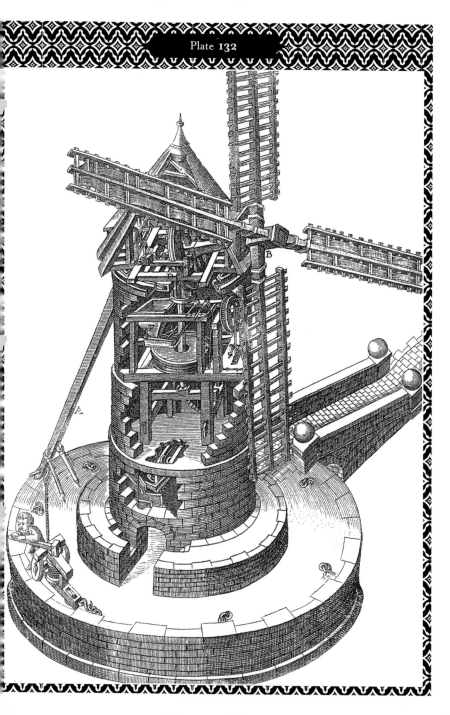

059

Plate 134

말의 힘을 이용해서
돌을 자르는 톱

말이 돌면서 바퀴 모양의 기어를 회전시키면
이 운동이 지하의 기어로 전달되어 좌우 운동
으로 바뀐다. 이 좌우 운동을 여러 개의 톱과
연결시키고 이를 이용해서 돌이나 대리석을
자른다. 톱의 톱날이 돌을 쉽게 자르게 하기
위해서 사람이 잘라진 돌 틈에 물을 부어 주고
있다.

Plate 134

○6○

Plate 136

물의 힘을 이용해서
나무를 자르는 톱

수차의 운동이 나무를 자르는 톱날을 상하로
직선 운동하게 한다. 그리고 이 운동은 동시에
나무를 고정시킨 지지대를 왼쪽에서 오른쪽
으로 이동시켜서 나무가 자동으로 잘리게 만
든다. 이를 위해서 왕복 운동을 한쪽 방향의
운동으로 만들어 주는 장치가 필요한데, 그것
이 그림 중앙에서 약간 오른쪽에 그려진 톱니
모양의 바퀴다(P). 이 바퀴는 시계에서 추의
좌우 대칭 운동을 바늘의 회전 운동으로 바꾸
는 탈진기escapement와 비슷하다.

Plate 136

061

Plate 137

물의 힘을 이용한 제련용 송풍기

쇠를 녹이는 데에는 높은 온도의 불이 필요하
고 따라서 강력한 풀무를 사용해야 한다. 이
기계는 수차의 회전 운동을 풀무를 들었다 눌
렀다 하는 운동으로 바꿔 줌으로써 양쪽에 각
각 두 개씩 네 개의 풀무를 자동으로 작동시
킨다.

Plate 137

○62

Plate 139

파낸 흙을 옮기는 기계

한 사람이 크랭크를 돌려서 마치 컨베이어 벨
트 같은 기계를 작동시키면, 아래쪽에서 파낸
흙을 담은 흙바구니가 위로 이동한다. 바구니
는 위에서 그 방향이 뒤집어지면서 흙을 자동
으로 떨군다. 아래에는 이 기계에 사용된 크랭
크와 관련 부품이 그려져 있으며, 인부들은 운
하를 파는 데 이 기계를 사용하고 있다.

Plate 139

o63
___

Plate 140

해자를 건너기 위한 기계

이 교량은 적이 성 주변에 파 놓은 해자(적의
접근을 막기 위해서 성 주위를 파 물을 채워 넣은
곳)를 건너기 위한 것이다. 교량의 끝에 달린
다리는 해자의 바닥에 고정시켜 놓고, 로프를
이용해서 다리의 상판을 해자 건너편으로 뻗
군다. 왼쪽 구석에 따로 그려진 기계들은 다리
상판을 적절한 높이까지 들어 올리는 데 사용
하는 기계들이다. 병사들은 다리 상판을 기어
올라가서 적을 공격할 수도 있고, 그림처럼 숨
겨진 방호참호 속에서 해자를 막기 위한 통이
나 짚을 던지는 일을 할 수도 있다.

Plate 140

064
———

Plate 146

**해자를 건너기 위한
접이식 교량**

평소에는 접혀 있던 교량이 펼쳐져 늘어나면
서 적의 성곽에 닿을 수 있다.

Plate 146

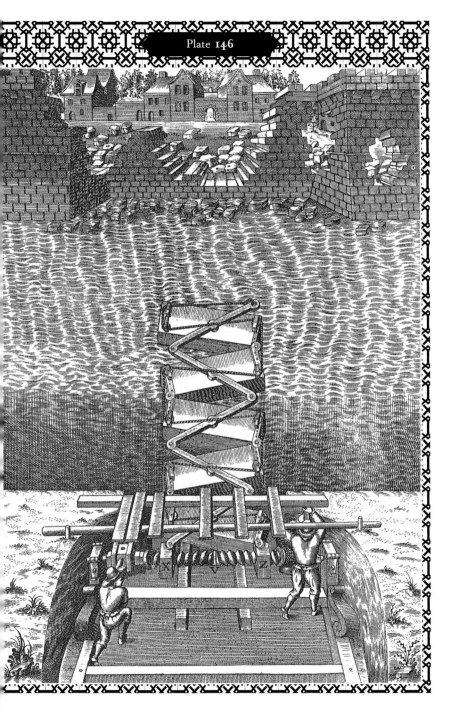

<u>065</u>

Plate 154

자물쇠로 잠긴 문을 부수는 기계

적의 잠긴 성문을 따는 데 사용할 수 있는 기
계다. 기어의 원리를 이용하면 한 사람이 내
는 작은 힘으로 단단한 자물쇠를 부술 수 있
다. 기구의 구조와 부품은 따로 자세히 그려
져 있다.

Plate 154

○66
———

Plate 163

한 사람의 힘으로 자물쇠를 뜯는 기계

그림 아래쪽에 자세히 그려진 기계의 우측에
있는 이빨 모양의 갈퀴를 자물쇠에 걸치고 핸
들을 돌리면 갈퀴가 안쪽으로 서서히 이동하
면서 자물쇠를 뜯어낼 수 있다.

Plate 163

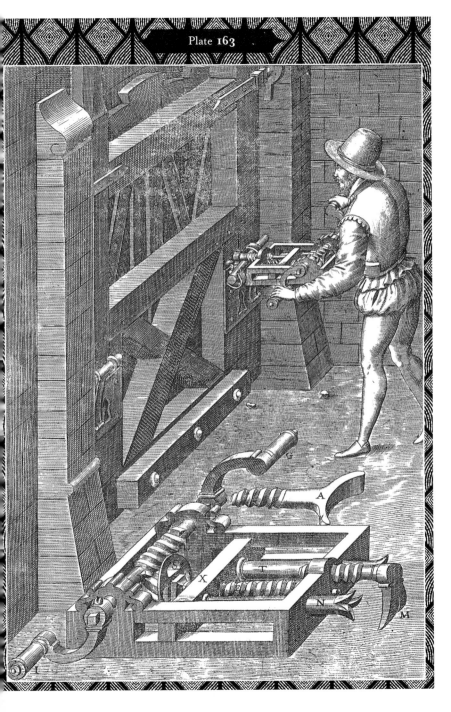

<u>o</u>67

Plate 168

한 사람의 힘으로 작동하는 기중기

이 그림에서는 두 개의 기중기를 선보인다. 왼쪽 기중기는 사람이 체인을 돌리면 기어가 작동해서 작은 드럼에 감긴 로프를 풀거나 감을 수 있는 것이고, 오른쪽의 기중기는 큰 바퀴에 감긴 로프를 돌려서 바퀴와 직접 연결된 드럼의 로프를 풀거나 감는 방식이다. 오른편의 기중기는 항구 같은 곳에 고정시킨 뒤에 배에 물건을 하역할 때 특히 유용하다.

Plate 168

○68

Plate 169

두 사람의 힘으로 작동하는 기중기

두 사람이 큰 바퀴에 감긴 로프를 돌려서 바퀴를 회전시키면, 이 회전 운동이 작은 드럼으로 전달되어 드럼에 감긴 로프를 감거나 풀 수 있다. 두 드럼에 감긴 로프는 왼쪽 기중기가 올라갈 때 오른쪽 기중기가 내려가는 방식으로 감겨 있으며, 이를 통해 물건을 올리고 내리는 일을 반복적으로 수행할 수 있다.

Plate 169

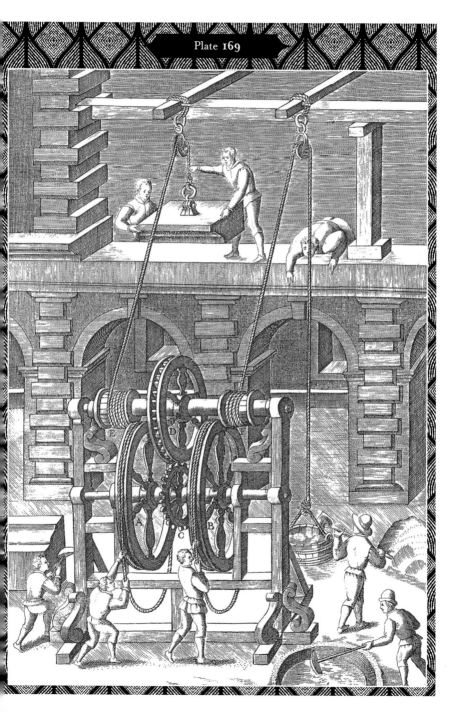

069
_____

Plate 171

한 사람의 힘으로 작동하는 기중기

왼편 하단의 사람이 크랭크를 돌리면 이 운동
이 바로 위의 큰 바퀴를 회전시키고, 바퀴의
회전 운동은 기어의 맞물림을 통해서 왼편 하
단의 두 드럼을 회전시켜서 무거운 물체를 들
어 올리는 기중기를 작동시킨다.

Plate **171**

070

Plate 172

몇 사람의 힘으로 작동하는 기중기

한 사람이 크랭크를 돌려서 이와 연결된 두 개
의 드럼을 회전시키면, 두 드럼과 밧줄로 연결
된 큰 바퀴가 회전하고(회전 방향을 바꿀 수 있
다), 이 힘이 다시 기어 작용을 통해 전달되어
결국 그림 왼쪽 하단에 있는 드럼 두 개를 회
전시켜서 이에 감긴 줄을 감거나 풀 수 있게
한다.

Plate 172

○71

Plate 173

무거운 물건을 끌 수 있는 기계

위에는 크랭크를 돌려서 작동하는 기중기가
묘사되어 있고, 아래에는 같은 원리를 그대로
이용해서 무거운 물체를 끌 수 있는 기계가 묘
사되어 있다.

Plate 173

<u>072</u>

Plate 175

기중기 크레인

기중기 크레인(물체의 방향을 돌릴 수 있는 기중
기)이다. 한 사람이 크랭크를 돌려서 드럼의
로프를 풀었다 감았다 함으로써 무거운 물체
를 들어 올린다. 또 다른 사람은 드럼에 감긴
로프의 다른 끝을 잡고 조정자 역할을 담당한
다. 이 기중기는 하단 왼편에 그려진 장치를
통해서 각도를 바꿀 수 있다.

Plate 175

<u>○73</u>

Plate 176

기중기 크레인

한 사람의 힘으로 크랭크를 돌려서 무거운 물
체를 들어 올릴 수 있다.

Plate 176

<u>074</u>

Plate 177

기중기 크레인

기중기 중앙에 로프가 감기는 드럼을 그림 상
단 오른편에 자세하게 묘사하고 있다.

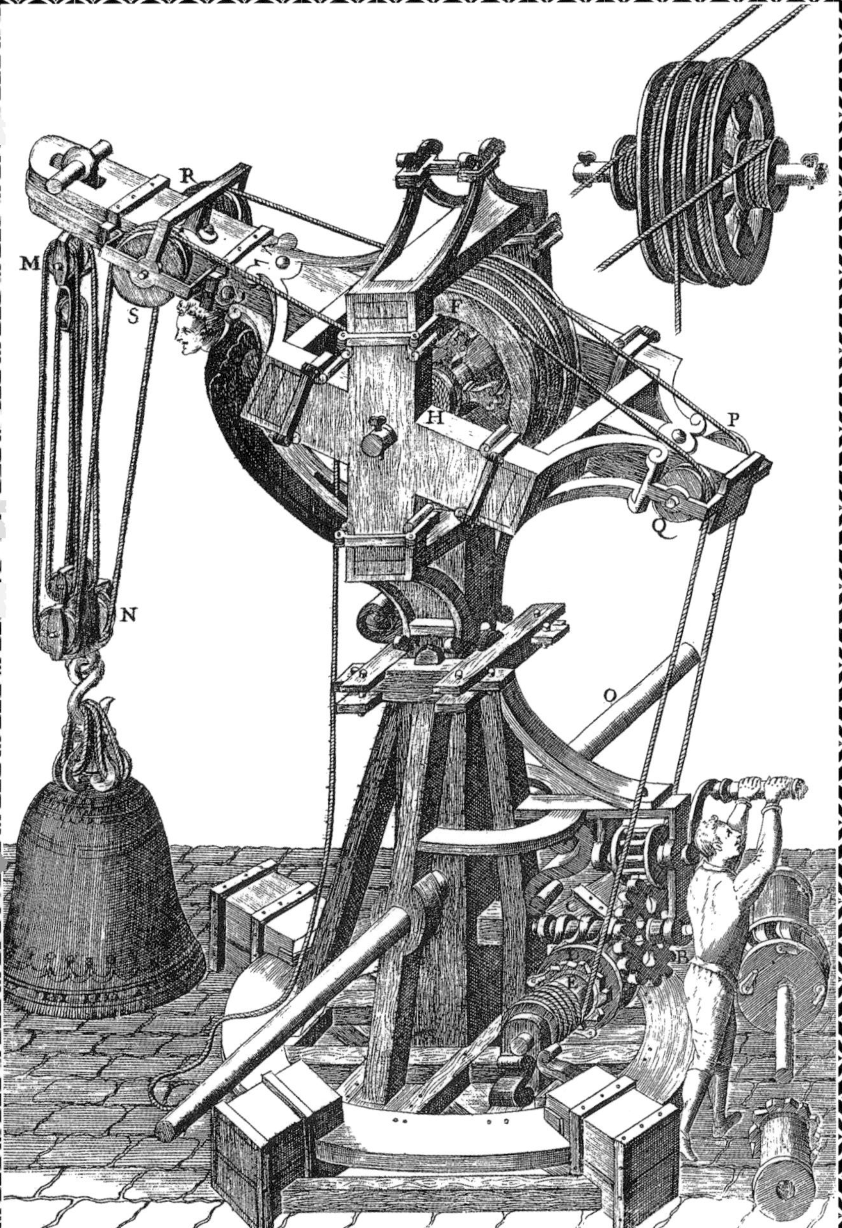

Plate 177

○75

Plate 178

무거운 물체를 옮기는 기계

기중기와 같은 원리를 이용하지만 물체를 들어 올리는 대신에 무거운 물체를 끄는 방식으로 기계가 작동한다. 뒤편에 그려진 도시는 이런 기계가 도시 건축을 위해서 필요하다는 점을 보여 준다.

Plate 178

○76

Plate 180

매우 무거운 물체를 옮기는 기계

그림 상단에 그려진 건물은 당시 부유한 사람
들의 집을 짓기 위해 이런 기계가 필요하다는
점을 보여 준다.

Plate 180

○77

Plate 187

새 소리를 내는 장식

꽃병 위에 인조 나무와 새를 만들고, 그 내부에 크기가 다른 네 개의 파이프들을 한쪽 끝을 물에 잠기게 만들어 둔다. 하인이 중앙에 있는 파이프로 바람을 불면, 이 네 개의 파이프에서 마치 플루트를 부는 것 같은 소리가 나고, 이 것이 위로 전달되어 마치 새가 소리를 내는 것 같이 들린다.

Plate 187

○78

Plate 188

바퀴 독서대

책 8권을 올려놓고 돌려 읽으면서 독서를 하
는 독서대. 책과 시선은 45도 각도를 유지할
수 있게 기어 세 개가 맞물려 있다.

Plate 188

<u>079</u>

Plate 193

활, 돌, 쇠공의 투척기

한 사람이 십자 모양의 손잡이를 돌려서 로프
를 감음으로써 활을 최대한 당길 수 있다.

Plate 193

○8○

Plate 194

포수의 측정기

포수는 천문학에서 사용하는 '사분의' 같은 기계로 각도를 재고, 눈금이 적힌 자 위에 포의 위치를 기록함으로써 원하는 곳에 정확하게 포를 쏠 수 있다. 이 기계는 낮에 측정을 하고 적의 위치를 볼 수 없는 밤에 포격을 하는 데 유리하다.

Plate 194

○8I

Plate 95

높은 산 위로 물을 끌어올리는 기계

수차의 힘을 이용해서 연결된 긴 막대 사이의
고리에 한쪽 끝이 막힌 작은 수로를 만들어 연
결한다. 막대가 반복 운동을 하면서 이 수로가
지그재그로 작동해서 아래쪽의 물을 퍼서 위
로 나른다. 전경으로 그려진 산, 나무와 기계
의 비율이 맞지 않기 때문에, 기계의 규모를
가늠하기 힘들다.

082

Plate 142

해자를 건너서
성벽을 올라가기 위한 기계, 혹은 교량

이 이동식 교량은 평소에는 접혀 있다가 적의 성에 접근한 뒤에 펼쳐진다. 교량 외부에 그려진 기계는 교량의 상판을 적절한 높이까지 들어 올리는 데 사용하는 기계이다.

083

Plate 143

해자를 건너기 위한 교량

이 교량의 상판은 마치 병풍처럼 접혀 있다가
적의 해자에서 펼쳐지면서 다리를 만든다. 사
람들은 적의 공격을 피할 수 있게 방호막이 있
는 공간에서 교량을 작동시킨다.

084

Plate 144

해자를 건너서

성벽을 올라가기 위한 교량

이 교량은 톱니바퀴의 작동을 이용해서 위로 들어 올려서 해자 건너편의 적의 성곽에 걸쳐지게 할 수 있다.

<u>085</u>

Plate 145

**병사를 보호하면서
해자를 건너 성벽을 올라가기 위한 기계**

이 교량의 상판은 슬라이딩 방식을 사용해서
접혀 있다가 적의 성 근처에서 미끄러지면서
펼쳐지게 할 수 있다. 왼편 하단에는 슬라이딩
상판에 적용되는 기어의 형태가 상세히 그려
져 있다.

086

Plate 147

해자를 건너기 위한 접이식 교량

그림 하단에 있는 돌돌 말려 있는 구조물을 펼치면 해자를 건너는 교량이 된다.

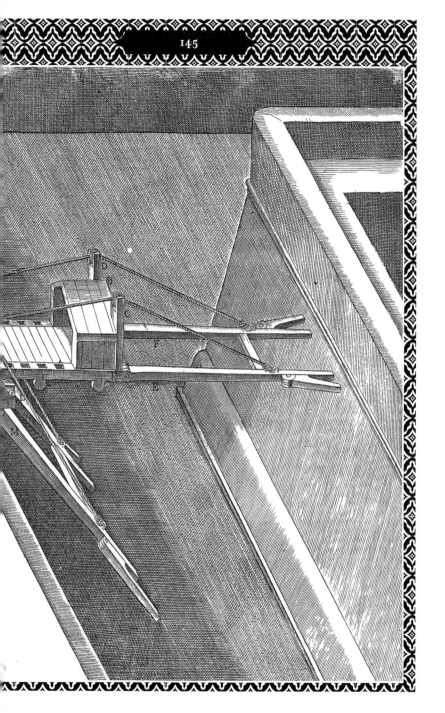

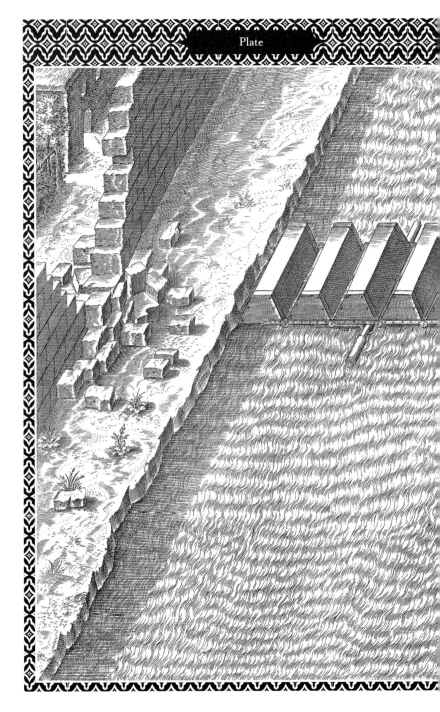

087

Plate 148 & 149

물이 적은 강을 건너기 위한
이동식 교량

이 교량은 말을 이용해서 끌고 다니다가 얕은
물의 강을 만났을 때 펼쳐서 강을 건너게 할
수 있다. 그림에서 보듯이 교량은 삼단으로 접
혀지고 펼쳐진다.

88

Plate 151

보트 모양을 한 교량

이 이동식 교량은 보트 모양을 하고 있다. 평
소에는 말을 이용해서 끌고 다니다가 개천이
나 강을 만나면 사용한다. 왼쪽에서 보듯이 얕
고 폭이 좁은 개천에서는 상판을 젖혀서 다리
로 사용하고(이 경우에는 배가 떠내려가지 않게
하기 위해 닻을 이용한다), 오른쪽에서 보듯이
깊고 넓은 강을 만날 경우에는 노를 젓는 보트
로 변신해서 강을 건넌다.

<u>089</u>

Plate 152

해자를 건너기 위해서
밀폐된 보트의 모양을 한 교량

해자를 건너 적의 성에 접근하기 위한 병기다.
지상에서는 말이 끄는 수레처럼 바퀴를 이용
해서 이동하고, 물을 만나면 보트 속의 사람이
패들을 돌려서 작동시키는 배가 된다. 보트의
앞면에는 화승총火繩銃을 쏠 수 있는 구멍이
있다(유럽에서 화승총은 15세기에 등장했다).

090

Plate 153

해자를 건너기 위한 이동식 교량

그림 오른쪽 상단에 보이는 조립식 교량을 펼치면 아래와 같은 형태가 된다. 이 교량을 밧줄을 이용해서 적의 해자 건너편에 장착한다. 해자의 폭과 관계없이 여러 개의 교량을 붙여서 사용할 수 있다.

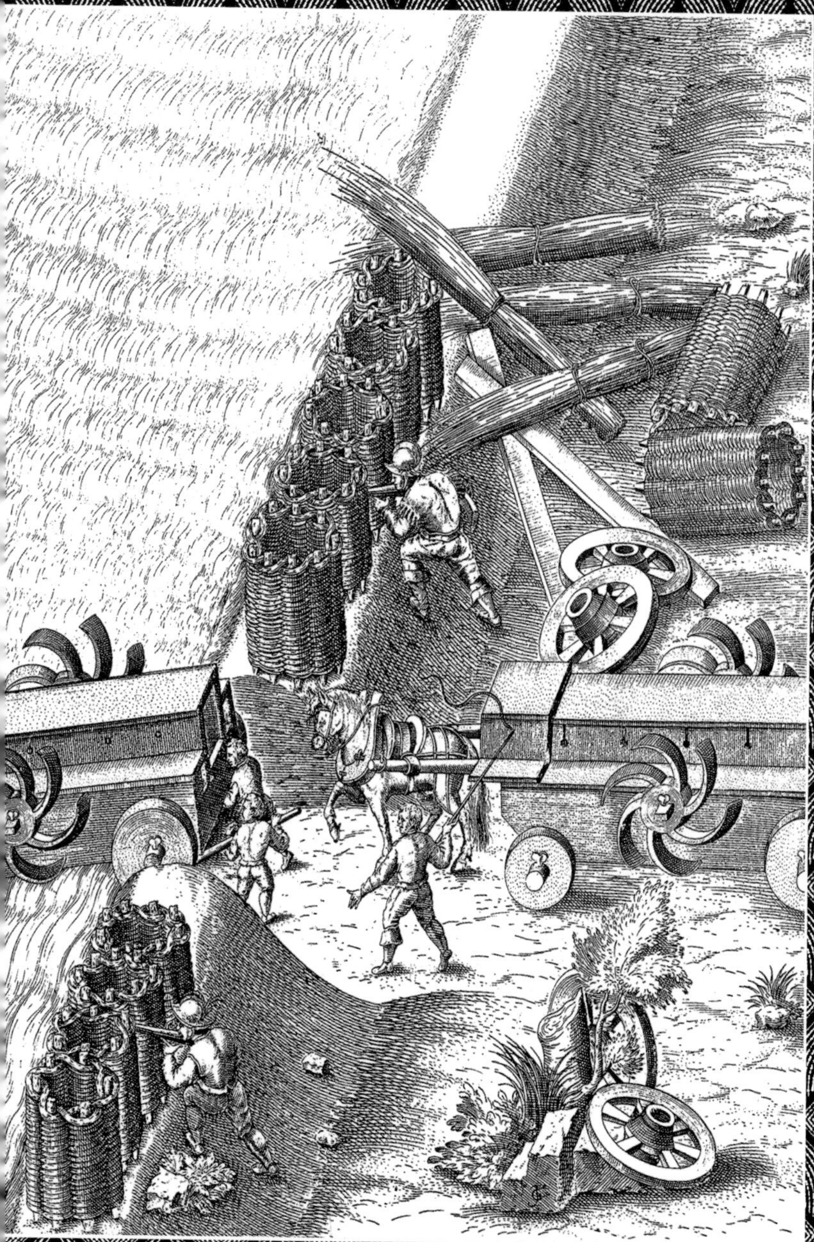

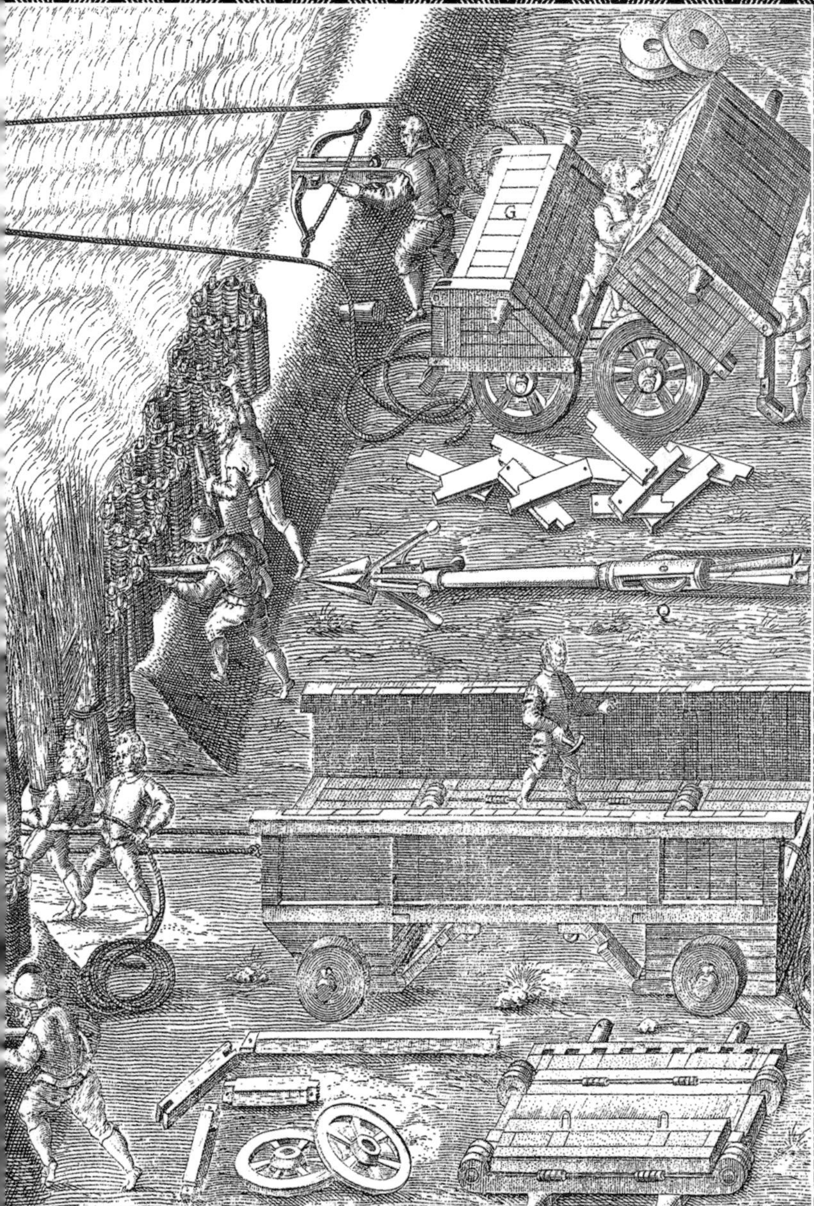
G
Q

091

Plate 155, Plate 156

경첩을 사용한 문을 들어 올리는 기계

기계 아래쪽에 이빨처럼 튀어나온 부분을 문 밑에 넣고 크랭크를 돌려서 기어를 작동시키면 경첩으로 열고 닫는 무거운 문을 한 사람의 힘으로 들어 올릴 수 있다.

092

Plate 157. Plate 158

한 사람의 힘으로 쇠창살을 부수는 기계

기계 아래쪽의 핸들을 돌리면 기어의 작용에
의해서 위에 달린 날카로운 금속 이빨이 조여
지면서 쇠창살 같은 단단한 물체를 쉽게 절단
할 수 있다. 그림에서 보듯이 적의 성을 몰래
침투하는 데 유용하다.

Plate 155

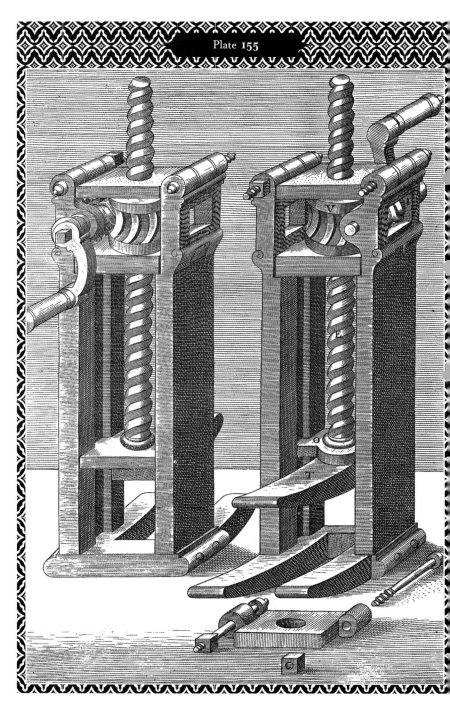

Plate 156

Plate 157

Plate 158

<u>093</u>

Plate 160, Plate 161

한 사람의 힘으로 쇠창살을 벌리는 기계

한 사람이 크랭크를 돌려서 단단하게 고정된
쇠창살을 벌릴 수 있다. 그림은 두 가지 다른
방식의 기계를 묘사하고 있으며, 이 기계를 사
용하는 사람을 묘사한 그림에서 보듯이 이 기
계 역시 적의 성에 몰래 침투하는 데 유용하다.

094

Plate 181

아주 무거운 물체를 옮기는 기계

이 기계에는 바퀴가 달려 있어 쉽게 이동이 가능한데, 기계가 작동할 때에는 쇠 말뚝을 박아 기계 전체를 땅에 고정시킨다. 이 쇠 말뚝은 그림 오른편 하단에 그려져 있다.

Plate 160

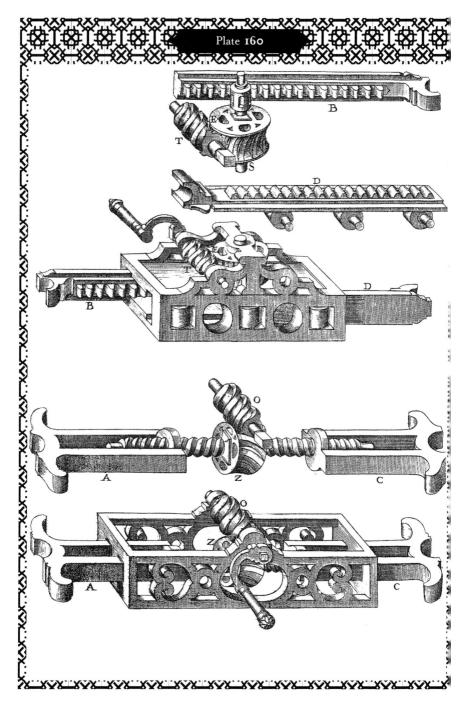

Plate 161

095

Plate 183

정말 무거운 물체를 옮기는 기계

두 사람이 막대를 회전시켜서 얻은 힘으로 아
주 무거운 물체를 당긴다. 그림 상단 왼편에
기어의 부품도가 그려져 있다.

096

Plate 184, Plate 185

분수

파이프를 통해 물을 끌어올린 뒤에 뱀 모양의 8개의 가는 관으로 물을 뿜어내면서, 그 힘으로 8개의 관이 빙글빙글 돌 수 있게 만든 분수다. 뱀의 입을 통해서 뿜어내지는 물은 서로 반대 방향을 가리키고 있으며, 이 엇갈린 힘으로 구조물 전체를 회전시킨다. 두 번째 그림 오른편의 부품도에서 보듯이 관이 달린 구조물 전체는 뾰족한 침 위에서 쉽게 회전할 수 있는 구조로 만들었다.

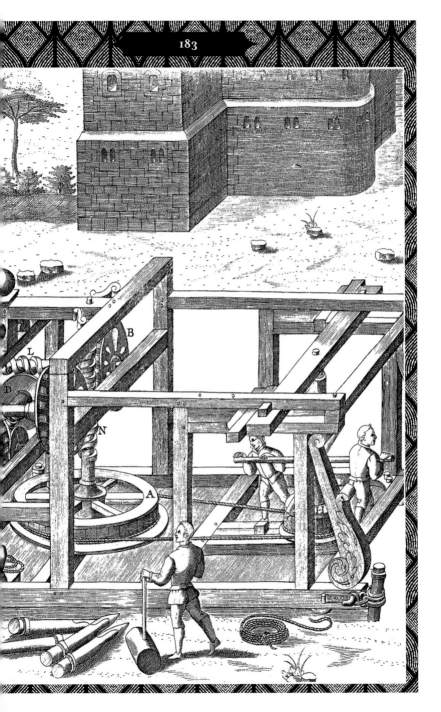

Plate 184

Plate **185**

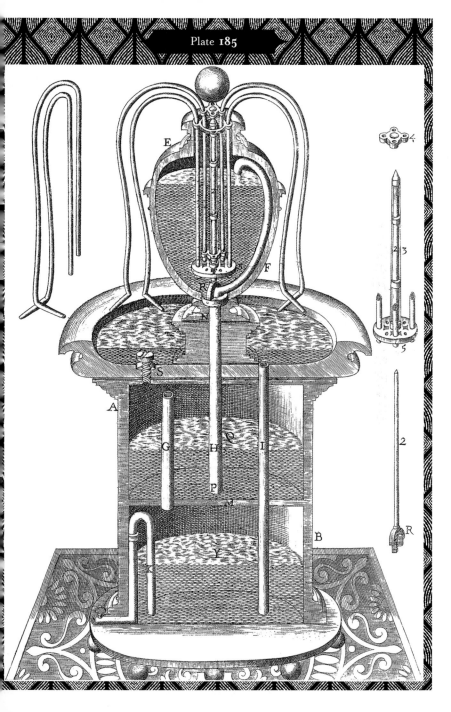

<u>097</u>

Plate 186

아름다운 새 소리를 내는 분수

가는 관을 통해 물을 빨아들여서 이를 뿜어내
면서 그때 생긴 압력 차이로 인해 공기가 파이
프를 통과하면서 새 소리가 나게 만든 분수다.

Plate 189

무거운 포를 이동하는 데 쓰는 기계

낮은 산과 같은 경사진 지형에서 무거운 포를
옮길 때 갈고리 같은 기계를 땅에 박고 이 기
계와 포를 도르래를 사용해서 그림처럼 연결
한 뒤에 한쪽에서는 말을 이용해서 위로 잡아
당기고, 다른 쪽에서는 아래로 당기면 포를 어
렵지 않게 이동시킬 수 있다.

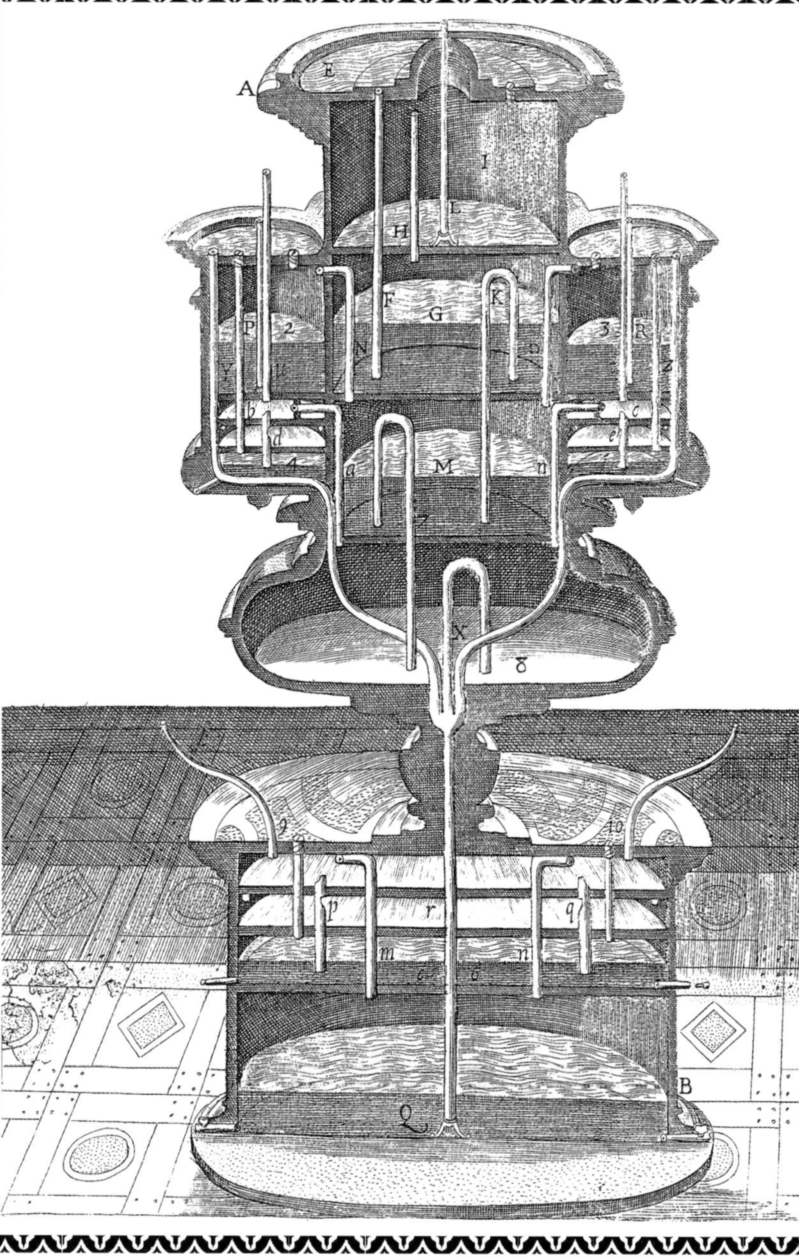
A
E
I
L
H
F
G
K
P
2
3
R
N
Y
Z
b
c
d
e
4
a
M
n
X
δ
9
10
p
r
q
m
n
B
Q

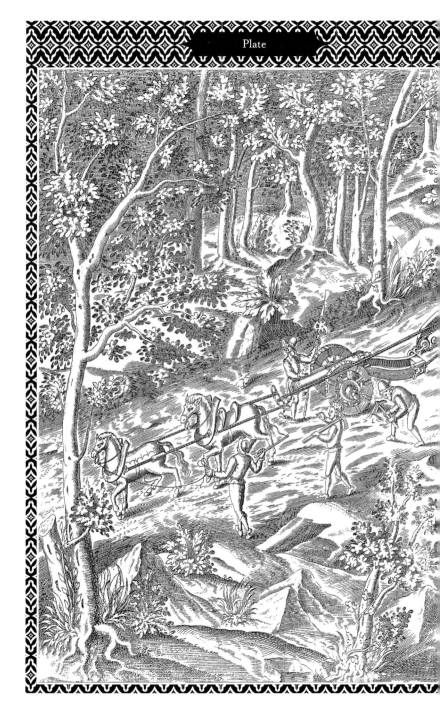

<u>099</u>

Plate 190

도랑을 메우는 기계

이 기계는 적이 성 주변에 파 놓은 도랑에 무
거운 통이나 모래주머니 등을 쉽게 투척하는
것을 가능하게 한다.

Plate 191

투석기

로프를 최대한 꼰 뒤에 이를 갑자기 풀었을 때
복원력을 이용해서 돌과 불 붙은 포탄을 적에
게 투석한다. 그림 하단에서 한 사람이 로프를
꼬는 기어를 돌리고 있다. 이 투석기는 사용할
때 4개의 고정대로 고정시켜서 사용하고, 고
정대를 접고 바퀴를 이용해서 이동시킬 수도
있다.

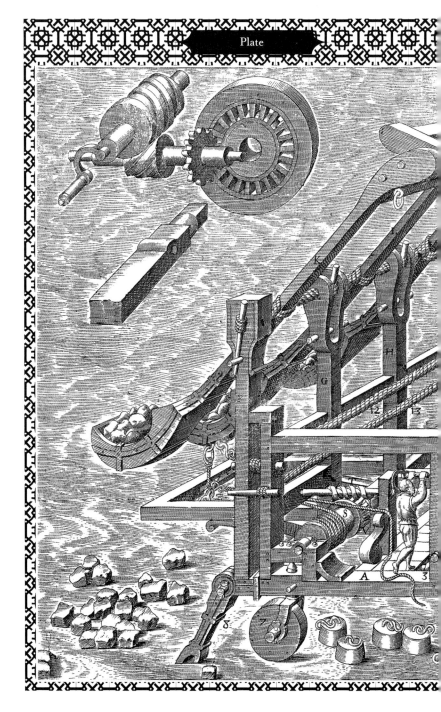

IOI

Plate 192

활, 돌, 쇠공의 투척기

로프의 장력을 이용해서 거대한 화살을 투척
할 수 있다. 화살에 불을 붙여서도 사용한다.

Plate 195

보트 모양을 한 접이식 교량

이 보트는 강물을 이용해서 이동시키고, 지상
에서는 롤러를 사용해서 이동시킨다. 해자를
건널 때에는 보트에 장착된 접이식 교량을 펼
쳐서 다리를 만든다.

192

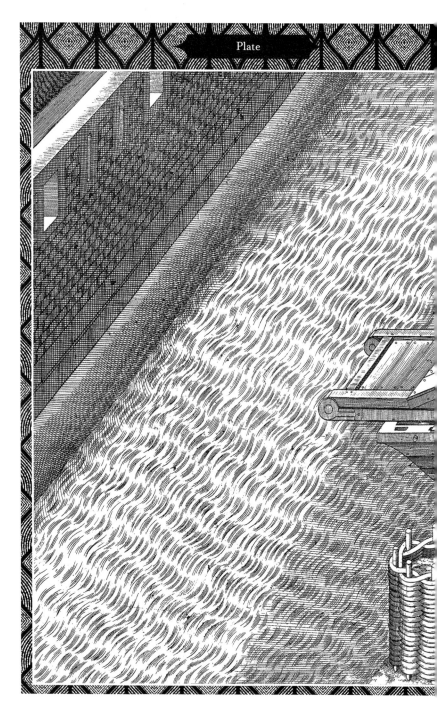

아고스티노 라멜리Agostino Ramelli(1531?~1610?)

군사 기술자 아고스티노 라멜리는 베일에 가려 있을 정도로 생애에 대해서는 알려진 것이 많지 않다. 1588년에 다양한 기계의 작동에 대한 그림과 설명을 담은 《다양하고 창의적인 기계들》을 출간하면서 기술사에 이름을 남겼다.

세상에 없는 멋진 기계를 만들 수 있다는 것을 설계도를 통해 보이는 '종이 위에서의 공학'의 전통을 계승하여 《다양하고 창의적인 기계들》을 출간하였다. 라멜리의 기계들 대부분은 실제로 제작되어 작동되지는 않은, '공학적 상상력'의 결실이었다. 취수기, 제분기, 교량, 기중기, 분수 등 총 195개의 발명품을 그렸는데, 그중 가장 유명한 것으로 '바퀴 독서대'가 있으며, 취수기를 비롯한 여러 기계들은 중국 책 《기기도설》에도 소개되었다.

홍성욱

서울대학교 과학사 및 과학철학 협동과정에서 강의 및 연구를 담당하고 있다. 서울대학교로 오기 전에는 토론토대학교에서 가르쳤다. 인간과 사회를 이해하는 데 과학과 기술에 대한 깊은 이해가 꼭 필요하다고 생각하여, 과학과 기술에 대한 STS(과학 기술학)적 관점을 설파하고 있다. 최근에는 가습기 살균제 참사, 포스트휴머니즘, 인공지능의 윤리적 문제 등을 연구하고 있다.

지은 책으로 《그림으로 보는 과학의 숨은 역사》, 《홍성욱의 STS, 과학을 경청하다》, 《인간의 얼굴을 한 과학》, 《파놉티콘-정보사회 정보감옥》 등이, 주요 공저로 《욕망하는 테크놀로지》, 《과학은 논쟁이다》 등이 있다.